用对你的爱

张艳桦·著

廣東旅游出版社
GUANGDONG TRAVEL & TOURISM PRESS
悦读书·悦旅行·悦享人生
中国·广州

图书在版编目（CIP）数据

用对你的爱 / 张艳桦著. —广州：广东旅游出版社，2019.5
ISBN 978-7-5570-1795-8

Ⅰ. ①用… Ⅱ. ①张… Ⅲ. ①情感—通俗读物 Ⅳ. ①B842.6-49

中国版本图书馆CIP数据核字（2019）第070031号

出 版 人：刘志松
责任编辑：梅哲坤　于子涵

用对你的爱
YONG DUI NI DE AI

广东旅游出版社出版发行
地址：广州市越秀区环市东路338号银政大厦西楼12层
邮编：510060
电话：020-87348243
广东旅游出版社图书网
（网址：www.tourpress.cn）
印刷：北京联兴盛业印刷股份有限公司
（地址：北京市大兴区春林大街16号1幢等2幢）
开本：880毫米×1230毫米　1/32
字数：191千字
印张：8.5
版次：2019年5月第1版
印次：2019年5月第1次印刷
定价：58.00元

目录/CONTENTS

第一章

情感关系的感召力

第二章

不要选择一错再错

第三章

能力成就最具价值的情感关系

第四章

用对你的方式

第五章

情感经营的智慧

第六章

如何处理情感危机

第七章

坚守初心，留下幸福

推荐序

让杨石头在跨年夜通宵畅读的书

在摸着石头过河的情感旅途中，我们都很相信自己有爱的能力，尤其是我，恋爱靠机会，婚姻靠智慧，笃信自己有这个智慧，让爱持续，让爱深远。

当变故发生，才突然意识到，高估自己的智慧了，石头把自己当条鱼，托付给了水，水却把鱼煮熟了。回首反省，是不是跳入了温泉？

跨年迎新的最后一个夜晚，艳桦老师给我讲述了这本书。这是一本用心、用历程、用经验、用方法，慢炖沉淀出的一本好书。石头心态归零，放下傲娇，静静拜读。

读到一半，石头点了根烟，静静地看着窗外的夜光，似乎，看到了隧道那头的光。我知道，天没亮，那不过是太阳在路上。

生活从来没有变得容易，只是，我们自己要变得更加坚强。深深的情，我们浅浅地说。长长的路，我们慢慢地走。对着同样在路上的朋友，石头轻轻地说一句……走！

名师推荐

智立方品牌营销董事长

自序

有爱的想法，更要有爱的办法

亲爱的朋友们：

欢迎您走进《用对你的爱》这本书。

我们很多时候有爱的想法，却没有爱的办法；我们有被放大的欲望，却忽略了个人的能力；我们无限渴望获得优质人际关系和情感关系；却不知道，情感是需要经营的，经营是需要管理的，管理是需要能力的，能力是需要提升的。我深信您在这里可以找到答案。

一个人内在的感召力是情感经营持续的基础，感召力是我们一辈子需要学习和修炼的，也是我们做人的内核。相信您在这里可以获得生命的重塑和绽放，拥有一个更加真、善、美的自己。

这本书里蕴含情感学、人际关系学（情商、沟通）、人力资源管理、管理学、营销学、行为学、心理学、国学、哲学、美学十大学科的描述手法，运用人力资源管理学的研究视角、企业管理学中的“经营逻辑”等思想，一定会给您带来能力提升和经营智慧。

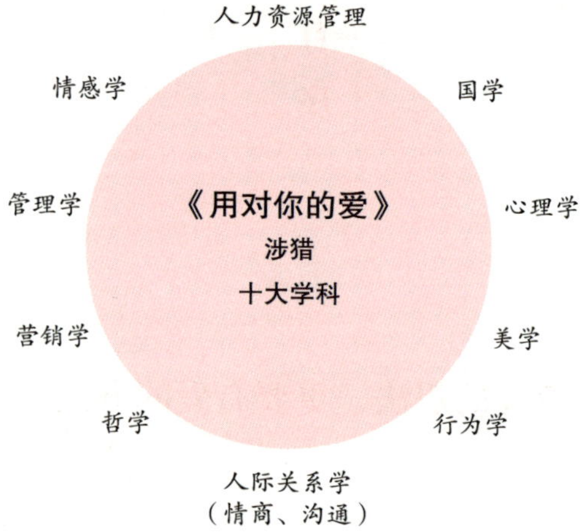

本书包含36张逻辑图，让您直接找到问题的根源，还包含202则经典语录、99个为什么、100多个案例，加之特有的发问方式，也一定能帮助您找到情感经营的内在逻辑，引发您的思考。

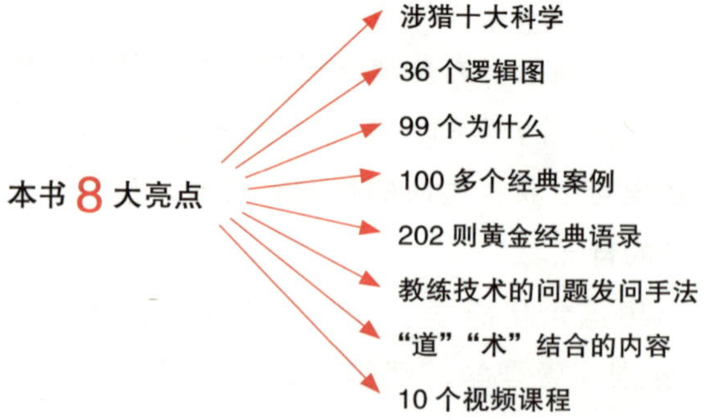

其实我一直深信每个人都是拥有智慧的，只是你需要找到通往智慧的那条路而已。一旦找到，您的人生成功和幸福将会变得简单起来。

或许连您自己都不知道自己的处境，不知道自己的迷惘，或许您请教过很多老师，阅读了很多的书，所以您的世界一定不缺乏知识和道理。

因此，我不想重复您已知的道理和知识，我只想帮您寻找通往智慧和幸福的“逻辑”和“规律”。这本书里有很多来自身边朋友的大量真实案例，相信一定能给您借鉴，引起思考，从中找到属于您自己的那份人生智慧和情感智慧。相信您自己的那份智慧吧，其实您也一样优秀和卓越。

亲爱的朋友们，期待您在这里找到灵感，找到属于您的那把智慧钥匙。提高爱的能力、运用方法，擅于经营，做真、善、美的自己，获得精彩人生。

访谈录

访谈著名管理专家/情感专家张艳桦女士

《用对你的爱》是张艳桦女士多年从事企业经营管理、人力资源管理工作的心得及日常生活感受的总结和提炼，蕴含着通往智慧和幸福的“逻辑”和“规律”。

一、作为这本书的作者，介绍一下您自己好吗？

大家好，我是艳桦，我有个英文名字Coffee，因为我喜欢喝咖啡，我觉得咖啡是用来品的，越品越有味道，我希望自己的人品经得起“品”和考验。我觉得一个人在社会上生存和生活，是要“靠谱”的，合作共事要能经得起别人长时间的考验。所以，希望未来有机会能和大家近距离相处，接受大家的品读与考验。

当然我也爱茶，我的性格有咖啡的动感，也有茶一般的静谧。做女人就需要动静结合，不偏不倚，这是我的观点。

二、您为什么要写这本关于情感经营的书呢？

有一段时间，我接触了很多女性朋友，发现很多人大龄未婚，或者40岁左右离婚了。从和她们的交流中我感受到很多，包括她们为什么情感关系不完整，究竟是什么阻碍了她们的情感关系，以及她们的价值观、思维模式、行为模式等。

当时我有一门课程叫《做一个别人喜欢的人》，涉及外在形象、内在感召力、性格、价值观、情商等内容。或许是因为恰好与课题相关，于是我进行了深度思考。

从那时开始，我进行了三个月的调研，做了大量的访谈，从普通职员到企业家，访问不同的人群，聆听了数百人的情感经历，分析她们的情感关系问题根源，内心深受震撼。

互联网时代，信息发达了，人们跳槽的机会多了，合作的机会多了，离婚的也多了……大家依然面临着情感经营、建设的危机。其实，很多时候不是你技术不好，而是你沟通不到位；不是人不好，是你不具备爱的能力。

跳槽的人、离婚的人都有一个特点，他们渴望寻找成功和幸福之路。他们需要的不仅仅是安慰和道理，更需要内在的反省。只有能够真正认识自己，生命才会绽放，才会真正获得重生。

很多人是迷茫、混沌、彷徨的，渴望支持。面对情感危机时，人们首先会自我保护，比如很多女性把公司财产账户冻结、银行卡转移，只给对方限定的消费额度，等等。很多人面临情感危机时，明明还爱着，却又在继续伤害着，他们的自我保护不是在建设，而是继续造成事实上的更大破坏。

人们有爱的渴望，却没有爱的办法，他们需要爱的能力，需要爱的智慧。于是，我沉淀了三年，积累了三年，终于可以将这本书呈献在大家面前了。我坚信，并且也能做到，我愿意无限支持和陪伴大家，寻找爱，建设爱，成就爱，提高爱的能力。

三、作为人力资源专家，您写这本书的优势是什么？

确切地说，我是一个企业运营管理、人力资源管理的操盘手。20 年来服务过的上市公司、民营企业数以百计，对各行各业不同商业模式、不同运营管理模式的企业，无论是处于发展初期还是处于蓬勃向上的发展中期的企业，都有较为系统的管理思维和认知。

我是一个强调实践、实战的人，这么多年的分享也是源于实践管理中的案例和心得。

我是法律专业出身，但是这么多年来，无论在企业经营还是日常管理、协调、沟通、解决问题时，从来不愿意从法律角度去谈。我一直对员工说，签订合同不是为了打架用的，是为了证明公司合法。结婚证不是为了离婚时用的，而是为了证明能够合法地住在一起。

我们作为人，最基本的就是一张嘴，即语言表达和沟通的能力，如果我们连这个能力都没有，再谈其他的能力都是空谈。

人力资源管理的核心是研究人的内在、心理、行为、性格、价值取向，经营人的情感，激发人力资源价值，激活团队。这么多年我接触过成千上万的人，总结出情感的建立、拥有、经营，需要管理、沟通、激励、培养，以及情商、学识和能力，等等。我所看到的无不需要通过这些去实现。

管理学是内容丰富、涉及面广的一门综合学科。关于我们的家庭情感，其实也一样，需要建立家庭文化，给予对方更多，激发对方在家庭中的存在感和依赖感。

因此，这本书带给您的视角，确切地说，更全面，更完整。您可以从中寻找情感经营管理的逻辑和规律。

现实生活中无论朋友关系，还是恋人关系、家庭关系，其实同样是小组织、小团队。这种“经营”的理念，您应该能在本书中找到全新的答案。

四、这本书关于情感关系的核心价值主张是什么？

主要谈两点吧。

1.能力成就最具价值的情感关系。比如说爱被婚姻破坏，有时是因为当初就没有爱，有时是因为缺乏爱的能力。爱是被没有爱的能力的人破坏的。提高爱的能力，用对你的爱。

2.好的情感关系的标准：双方在一起通过总结和反思，更加珍惜彼此，相互感恩，乐于付出，变得更加成熟。这样的成长就是最具价值的。好的情感关系是双方互为彼此的老师。

五、这本书适合哪些人来看？

有爱的想法却没有爱的办法的人，寻找办法的人；

渴望人际关系、情感关系更好的人；

提高自己情感经营能力的人。

当然，这本书更适合人手一本，因为它是管理专家从管理、经营、逻辑和思维角度的探索，对读者具有深度滋养的功能，值得收藏。

六、这本书将给大家带来怎样的收获？

1. 坚信您能感受到满满的能量。情感经营是需要能量的，那就是骨子里的正能量。

2. 道理 + 真理 + 规律 + 逻辑 + 思想 = 您的收获。

七、这本书的描述手法与其他同类书籍有什么不同？

1. “道”与“术”结合，体会爱有“道”的高度，感受爱有“术”的愉悦。

2. 书中有 36 张逻辑图，直接帮您找到问题的本质，不需要听道理。一目了然，节省时间。

3. 从 10 大学科的角度来阐述，内容很丰富。

4. 包含 202 则黄金经典语录——最凝练的智慧总结，把 202 则经典语录领悟就非常具有价值了。

5. 罗列 99 个“为什么”。问题引发思考，思考使人更具有智慧。找到问题的答案，找到属于自己的智慧。

6. 列举 100 多个案例。如果从一个例子中找到您生活的影子，那么也是一种借鉴。

7. 教练技术的发问手法，激活您的思维模式。

八、您希望这本书给读者带来什么样的感受呢？

浓浓的爱的感受吧。有滋养，有能量，有感染，有思考，有智慧……

我非常喜欢一个老师对我的评价：“艳桦老师，您是健康的。”健康多么重要，不仅是身体健康，还要心灵健康。其实写这本书，也同样源于我所拥有的——我的完整、成长、成熟。

客观地说，过去我作为女人，是不成熟的，有脾气，有个性，又任性、青涩。今天令我内心这般富足、成熟，让我拥有如此伟大的收获，首先感谢我的先生对我的要求、挑战、考验、教练、引领、支持、陪伴，改变了我的观念、习惯、坏脾气。比如从没意识到有意识，意识到什么是女人，女人应该怎么“做”；从不懂到懂，懂得了做女人应该是怎样的。

这是一个从不会到会的过程，这一个“会”字，让我得到了女人的智慧，感觉自己醒来了！这个过程中我深刻体会到，女人不是天生就会做女人，男人也不是天生就会做男人，男人和女人互为彼此的学校，在彼此的学校里虚心学习，接受挑战，坚守家园。

爱是一种选择，使我懂得、让我经历并让我做到，是你给了我世界上最具价值的情感，也让我对成功的情感关系有了全新的认识和体验，那就是彼此成就、彼此塑造、彼此滋养。是你让我们的情感成了高质量的作品。我们成了彼此不可分割的一部分，我们成了彼此生命的“塑造者”。亲爱的，谢谢你！

感谢我的妈妈给予我的陪伴，照顾我的生活，没有妈妈，我根本无法全身心地投入工作。

感谢我可爱的女儿，让我懂得做女人需要像宝宝一样，学会哭，学会闹，学会叫，像宝宝一样成长，让别人来爱我们，宠我们。孩子也是我们的老师。

感谢王树良老师，一直给予我心灵的滋养、精神的支持，引领我如何做人，引领我拥有做人的高度、格局、胸怀、谦虚、智慧。无限感激树良老师给予我的指引。

感谢谭志文先生，给予我鼓励、支持、建议，感谢！

感谢立君、吴迪闺密，为了这本书，允许我无数次为

“问题”和她们进行讨论，允许我的精神“蹂躏”，默默陪伴我。

感谢中国明星企业家导师商学院与凤凰绘的企业家的支持。感谢本书的文案、编辑、策划团队！

感谢粉丝们的追随，让我有了责任，义无反顾，一路向前。

感谢所有人给予的滋养、支持、贡献、挑战，让我享受着感恩与付出、慈爱与善良带来的幸运。

感谢在我的人生中拥有这么多爱我的人和我爱的人。希望《用对你的爱》这本书给您带来别样的体验、喜悦和前所未有的感受。

愿你走向内心的富足，充满祥和，感受爱与智慧并存的美好，打开智慧之门，以完全放松的态度，感受这份来自成熟和自我实现的喜悦。

九、请您谈一下凤凰绘在女性建设中，给予大家的帮助吧！

每一个女性都期待自己成为凤凰，那么，如何才能将自己的人生“绘画”得五彩斑斓、光芒绽放呢？这是需要能力的。每一个人手中都有一支无形的笔，自己就是自己人生的神笔马良。

所以，凤凰绘以支持中国女性成长、成熟、成功、成就为使命。

第一章

情感关系的感召力

第二章

不要选择一错再错

善良永远是最后抉择的底牌

善良在人类情感关系的建立和存续中贯穿始终，但是“善良”这个词在我们的情感关系中，经常让我们找不到直接感觉。

有人说，究竟什么是善良？善良有着最高境界，善良也有着不同层次。善良本身是一种高贵的品质。善良的人，呈现出来的样貌是温暖的、温柔的、有亲和力的、和谐的、美丽的、具有魅力的。同时，善良的人有修养，有品位。

然而在现实生活中，人们看到善良的行径时，往往会想到这个词的对立面，如凶恶、凶狠、狠毒、凶残、丑恶、邪恶、残暴、恶毒、阴险、歹毒等。当我们的潜意识里掺杂着这些阴暗的词汇，我们也就远离了善良的本真。

情感内在感召力

如果没有了善良，这个世界将会成为一片黑暗。如果没有了善良，这个世界将不再和谐、温暖。谁愿意跟一个不善良的人在一起做朋友呢？谁愿意有一个不善良的领导、同事、下属？谁愿意自己的家庭中有不善良的人？谁愿意和一个不善良的人做伴侣？

《幸福在一起》这部电视剧里，秋瓷炫饰演的高真真是一个美丽善良的寻常人家的女儿。乔俊浩和高真真的相恋，是白马王子遇上灰姑娘的经典桥段。

龙海燕与乔俊浩是青梅竹马，一同长大的亲密好友。龙海燕一直爱恋着乔俊浩，甚至已经单方面将乔俊浩归为自己所有。但当她得知乔俊浩和高真真开始相恋后，她便走上了“歧途”，而作为海立集团的董事长，龙海燕清理有功于集团的老臣这一行为，又将自己带到另外一条“歧途”。

集团公司的大变动，搞得公司上下人心惶惶，集团董事们纷纷向乔俊浩告状，联名讨伐龙海燕，并逼着龙海燕辞去集团董事长的职务。

内心缺乏安全感的龙海燕将人生全部放在两件事上：喜欢的人和她手上父母用生命换来的产业。但事与愿违的是，她并没有受到爱人的支持，乔俊浩给了她一个教训，让她知道自己的错误。

在这部电视剧里，高真真凭借善良获得了爱情。千金小姐龙海燕内心自私狭隘，喜欢算计，所以乔俊浩选择了高真真。杜正杰最初深爱龙海燕，但后来发现龙海燕不善良，选择远走他乡。

无论是在电视剧中，还是现实生活中，纵使你家财万贯，贵为千金小姐，到最后令男人心底最踏实、最温暖的还是那个善良无比的女人。因为她善良，所以甘愿为她负责任，不离不弃。

电视剧《甄嬛传》里的华妃，虽然最后获得了皇帝的喜欢，但在这个过程中不断陷害甄嬛、皇后以及可能影响她地位的人，坏事做尽。虽然她的哥哥在朝廷担任要职，她有所依仗，但一个人的品质总会被岁月证明，还原真相。最后华妃被打入冷宫，落得凄惨的下场。

很多时候，善良的意念是我们日常处理事情时的一种价值观和心态。现实中因为过多欲望的驱使而造成情感失控的例子比比皆是。一旦失控，很多东西就容易变质，把原本向善的事情逼到绝境，最后一无所有。此时也就远离了善良的初心。

多少人分手时恶言恶语：我要让你倾家荡产，让你一无所有，让你身败名裂。

为什么会有这样的想法？你的善良哪里去了？

我遇到过一个客户，过去在农村，后来到北京打拼十几年，成了一家集团公司的高管。由于他经常在高端场所招待客户，慢慢地见识广了，生活品质也自然有了巨大改变和提升，同时对自己的生活有了更高的要求。而他的老婆依然带着浓厚的传统观念，生活节俭，去超市购物，还是喜欢购买打折商品。

有一次这个客户对我说："我老婆太俗了，太不讲究，天天买便宜货……一切都是不好的。"

我问："为何你不离婚呢？"

他说："我觉得她能照顾老人，是一个传统的会过日子、顾家、人品很好的人。"

这个案例中，虽然丈夫抱怨老婆一无是处，但是当你问到关键问题时，他究竟因为什么不离婚呢？是保姆似的照顾家？答案是否定的。这又代表了什么？

这个例子中的女人是传统的、节俭型的，从上面的对话中或许你能感受到这样一幅画面：她贤惠持家，照料孩子，但是缺了一点灵动和幽默感，无法为生活带来趣味。你甚至会说她就是一个保姆，但是你看到她老公不离婚的关键原因，就是那句轻描淡写的"人品很好"。

是啊，人们纵然再不喜欢，再愤怒，对方缺点再多，最后做决定的那一刻，人们还是会被那些心地善良的人所感化，说："算了，这个人真的很好。"人们往往被最昂贵又淳朴的"善良"拦住了。因此，善良永远是人们最后做决定时选择的底牌，拥有善良的人都是最后的博弈赢家。善良的人，经得起时间的考验和人们的筛选。因为善良而不出狠手，不下狠心，因为善良而不过度算计。

因此，只有善良才会创造和谐，只有善良才会创造爱、给予爱、付出爱。在情感关系中，拥有"利他"的想法和做法，内心深处永远拥有善良的意识，让对方感受到自己的善意，这是非常重要的。遇到问题时，影响我们做出最后的决定、以何种方式面对对方的关键因素，就是善良。如果说家庭就是木桶，那么善良就是那个桶底。每个人都不会抗拒与一个善良的人相处。

选择善良，就像是在心里种花，人生从此不再荒芜。

问题智慧

1. 善良在情感关系的建设中如何体现?
2. 为何说善良永远是做最后抉择时的底牌?

自己没有温度，如何温暖别人

我们身边总会有很多人，让人感到很温暖。这样的人呈现给我们的画面总是微笑的，让人感到与其相处是舒服的，没有压力，没有防范意识，没有距离感，你可以接近他/她。这样的人内心世界是接纳、欣赏别人的。这样的人总会照顾别人的感受，给予别人关心和照顾，然而我们内心感受到的是暖暖的爱。就像寒冷的冬天里有人给你送上一件暖身的贴心小棉袄。

当你累的时候，有人在旁边亲切地对你说："亲！休息一会儿吧。"这时，好像有一股暖流涌入你的心田，那么，你为何感受到这种温暖呢？因为你得到了照顾，得到了关爱。

在温暖的世界里，是和平的、祥和的、认同的、付出的、给予的、呵护的、体贴的。在爱的世界里，爱是高能量的，是温暖的。

经常有人问，如果你自己都没有温暖，你拿什么去暖别人呢？你哪里来的支付能力呢？的确，爱的基础，是自身拥有温暖。爱是需要支付的，没有温暖，你如何令别人和你相处时感到舒服亲近呢？人天生就是没有安全感的，都愿意和温暖的人在一起。

在现实生活中，经常有人提及这样的话题：

谁会喜欢一个不温暖的女人？

谁会喜欢一个没有亲和力的女人？

谁会喜欢一个根本不会笑的女人？

……

回忆我们身边那些给予我们温暖的人的画面：

“亲爱的，最近怎么了，你怎么不爱讲话了，是不是有什么困难，还是有压力？需要我的帮助吗？”这时，你的感受是有人关心我。你心里暖暖的，很舒服，浑身充满了暖流。

一个朋友转述了这样一个故事：

一位女士，40多岁，长得很漂亮，但是婚姻不幸福，很早就离婚了，后来一直一个人生活。

一次，出去游玩，她六岁的侄子因为天气热，便把衣服脱下来给了她。她拿到衣服的一瞬间，就扔了出去，嘴里说：“别把我的衣服弄脏了。”旁边的人非常惊讶地看着她。

大家有着同样的感受：你连孩子都这样嫌弃，你的心里还有爱吗？你是个冷血的人吗？

这个中年女人给人的印象是：她虽然长得漂亮，但不美，因为在她的内心深处没有温暖，没有怜悯心，没有慈悲心，没有同情心。温暖的人是亲和的、包容的、善良的。

其实，我们的情感世界里的感觉来自于一种温暖。我说的这种温暖，不是今天你来了，我给你倒水，或者日常生活中我为你洗衣做饭，而是一种关心。一个温暖的人，会散发出内心世界的温暖。一个温暖的人一定是正能量的，是一个小太阳，是一个小宇宙，这是内在的。我们这里谈的温暖的人，是有悲悯心的人，能够理解他人、有能力给予、富有同情心的人。

只有身上有正能量的人，才能释放温暖，才能温暖他人。一个人的身上有这种特有的温暖，本身就是一份担当、一份责任、一份勇气。用温暖来丈量人生，用自己的热量温暖他人。

如果你的心里是温暖的，那么你也会觉得你的人生是阳光灿烂的。如果你的内心是凉的，那么你将感受不到人生的温暖，你所感受到的只是冰冷。在情感关系的互动往来中，是需要彼此温暖的，如果你的温度等于0℃，你将如何带给你的爱人、朋友、客户温暖和爱呢？家里需要阳光，工作中需要暖洋洋的朝气，需要你发自内心的温暖。

问题智慧

1. 我们究竟拿什么温暖别人？

2. 0℃的心如何融化爱情？

强大与强势不要混淆了

强大是本事。

强势是不成熟的标志。

生活中，很多人离婚，是因为女方性格不好，或者说强势，凡事总要听她的。一切吃、喝、穿、住、行、价值观、理念都要“听我的”……

一次课程中，一个学员对我说：

艳桦老师，您说我就是太强势了，所以我才离婚了。

我看了对方一眼，说：

强大是你的本事，也是一个人的能力体现，但是，人们往往拿着自己的“本事”“能力”肆无忌惮地吆喝，甚至狐假虎威、“势均力敌”，自己给自己造势。

有本事，就需要那样气势凌人吗？就需要高高在上？就需要一切都听你的？

在当代，很多女性虽然能够独当一面，能够贡献价值了，但是忽略了最基本的素质——内涵与修养问题。

强大与强势是两回事。不要让你的强大贬值了。

豆腐嘴、刀子心不是真正的温柔

如何做到温柔？

你为何做不到温柔？

温柔真的就是说话嗲声嗲气吗？

一个实施控制的人还会是温柔的吗？

一个手段百出的人还会是温柔的吗？

温柔可以分为两种：一种是行为层面的温柔，可以控制情绪，说话不刺耳。这种温柔可以后期包装。另一种温柔，是发自内心的平和、柔软、善良。心疼别人，有同情心，爱孩子，爱老人。真正温柔的人，是善良、慈悲、充满爱的。这正是女性最美好的一面。

真正的温柔一定是远离了凶狠、恶毒、粗鲁。

在《甄嬛传》里，华妃与皇帝讲话时表面上很温柔，处理事情时便远离了“柔和”二字，杀人、诬陷，尽显凶残本性。

华妃为了争宠，代曹贵人抚养刚满周岁的温宜公主，为省事甚至给温宜公主喂安神药，致使温宜公主之后食欲不振，时常吐奶啼哭。

可见，言语的柔和与内心的邪恶相背离时，不是真正的温柔。

一个女人可以发脾气，但是内心世界是需要柔软的。女人的重要标志是什么？就是温柔。温柔的女人内心充满爱、善良和慈悲。斯文、温顺、体贴、温和、文雅、文静、贤淑，这些是发自内心的和谐、温暖呈现出来的温柔。那么，是什么影响了我们处理问题、经营关系的“柔和”？

柔和的人，一定是不急不躁、淡定从容、可以控制情绪的。通常意义的“温柔”，指的是言语上的温柔。很多男人说“喜欢温柔的女人”，即喜欢软语温存的伊人。

什么是真正的温柔？说话声音柔和不算温柔，内心柔软才是真正意义的温柔。真正的温柔，内心充满爱，充满阳光，充满善良。

我有一个朋友，他和老婆从农村来到北京，经过20多年的努力打拼，事业有成，不但有了房子，一家子还落实了北京户口，孩子也很优秀，现在在国外留学。这样的家庭，在外人眼里是圆满幸福的一家子。

近年来，受大环境影响，建筑行业不太景气，工厂投资太大，面临着巨大经济压力，这时家庭也出现了危机。大家都觉得这个男人是非常爱老婆的，很多事情会听老婆的意见。但是当情感危机来临时，他老婆提出了“二八法则”：80%的财产给自己，20%的财产给老公。离婚时，老婆提前将所经营公司的账户全部冻结，让老公净身出户。

看到这里你会想到什么？你或许会说：一定有原因，她才会这样做。

在生活中我们经常遇到这样的案例。关键时刻能够放过对方，不将对方逼到绝路，内心温柔，才是真正意义上的温柔吧。

刀子嘴、豆腐心，不也是在伤害吗？豆腐嘴、刀子心已经不是真正的温柔了。情感关系的经营中，遇到问题，遇见矛盾，豆腐心是最好的良药。

你越强大，就越温柔。让我们成为不动声色却暗含力量的智慧善良的人。

问题智慧

1. 什么是真正的温柔？
2. 温柔能为情感关系带来黏性？

没有胸怀，展现出来的都是标准

在生活中，一个没有胸怀的人呈现出来的是什么？斤斤计较，算计得失，小气，不能忍受，不能接受，全部按照自己的标准，要求，抗拒，计较输和赢、多和少、对和错。只要一开始计较，就会引发吵架、矛盾产生。那些有格局、有高度、有胸怀的人总能接受他人的缺点和不足，允许一些事情的不完美。现实生活中，不乏婆媳之间的较量、夫妻之间的猜疑、同事之间的竞争等。

就拿女人来说，做女人智商高不高没关系，情商高不高也问题不大，但格局一定要大。你可以不聪明，也可以不懂交际，但一定要大气，有大家风范。

随着人对生命体验的加深，在逐渐认识自己的同时也在思考身边事物的点点滴滴。对自己有理性的认识是成熟的关键，对旁边发生的事情能够处变不惊，坚信“存在的就是合理的”，是格局、广度的体现。

李强在一家大公司任销售总监，带领一支十几人的销售团队，生活还不错，身处二线城市，有两套房子、两辆车子、两个孩子。他乐于交际，为人处世很周到，并且愿意为朋友付出，因此在朋友中深得信任，也得到了很多朋友的追随。

但是他总和老婆吵架。老婆小敏，是一个居家过日子的传统女人，照顾家庭，照顾孩子，但是有一个毛病：不喜欢交际。朋友到家里，她就觉得把家里弄脏了。老公在外面交际，她就觉得老公花钱多了。心里满是算计，看人标准也多，经常阻碍李强的社交活动。

世间本无事，因为我们的“小心眼”放大了问题，因为我们想得不够长远，开始心生不满。

没有胸怀，展示出来的全部是标准。

一个人，若从大格局中滑落下来，属于生命的最炫目的光亮也就暗淡了。此后，无论他拥有多少，都再难见雍容华美的大气象了。

大气的人最美丽。

活得宽容，就是在给自己积攒“人品”。

问题智慧

没有胸怀和格局在情感关系中引发了什么?

不要用你认为对的方式爱他

我对你那么好，你为什么不能对我好点？

我对你那么好，你为什么还背叛我？

我为你付出那么多，你为什么不感恩？

为什么付出了那么多，结果却不是自己想要的？

是“付出”错了吗？我们是不是不该做那么多？“你越主动，别人越不珍惜”“千万别对他太好了”成了大家讨论的话题。

有人说：你的一味付出，不过是惯出了他的得寸进尺。

“付出”是这个世界真善美的宝贵内容，也是一个人心中有爱的体现。我们曾经体会过别人为我们付出而产生的喜悦、温暖、幸福感，我们非常清楚“付出”是伟大的，然而今天为什么很多人说“越付出，男人越不爱”，付出成了错误？

在情感的世界里，我们应该反思的是什么？

你的付出是对方想要的吗？是对方潜意识里希望和期待的内容吗？

有人说，我只需要你陪着我就好，你在就好，这就是我要的；有人说，我想有一个和我兴趣相投的人，一起喝酒、唱歌……这是对方的想法吗？

你付出的是对方需要的吗？很多时候，对方需要什么甚至连他自己都不清楚。

比如孩子在成长的过程中，是需要约束、指引的。但是孩子不理解家长的苦衷，孩子只会想：你约束我不是我想要的，我想去玩。

实际上，无论是对方想要的，还是需要的，从爱的本质、爱的责任上讲，只要你是在用心付出，终会被对方感知。

“付出”本身不是错误。如果“付出”之后没有得到，我们便拿曾经的“付出”来对比，那么或许是因为我们吝惜“付出”太多却未得到。

付出是情感建立的起源，“出心、出力、出人、出钱”，这是一个全球公益组织的服务理念。

每一种情感的建立和发生，皆源于付出。有付出，就有行为/行动产生，有互动，而互动拉近情感关系。

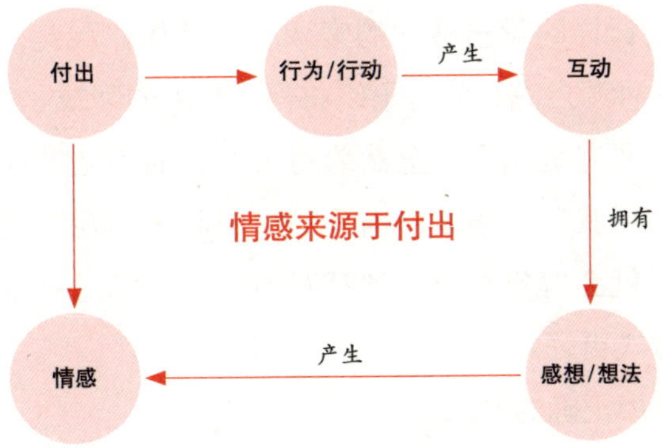

没有付出，没有贡献，这个世界将是自私的、索取的。人们会说：你不要做那么多，你做得越多，别人越不在乎你。

付出正确的东西。

当你付出了很多，是否产生了价值？这个“付出”产出的是什么？首先，付出源于对方的需求或需要。不在对方需求或需要范围内的付出，就是没有意义的。

例如夫妻关系里，大多数男人需要女性对家庭付出，照顾家庭；有的男人需要女性在精神上付出，给予自己精神鼓励和支持。那么，我们是否付出了正确的内容，以正确的方式？

付出，以正确的心态。

付出源于爱，而不是源于回报，付出时记住你的初心。有人确实付出了很多，但是每天都要回报，此时你的付出已经和索取心持平，对方就不再感恩了。

比如，我今天借钱给你了，一种方式是，我说：你此时困难，就借给你用吧，希望你好好奋斗。另一种方式是，我说：我借钱给你了，你要记得感恩。两种结果是不同的，后一种方式会让你的付出被你的索取心态替代。因此，只要初心对了，这种源自真心的付出终将得到最大的回报。

付出需要完全无我，全然为对方好，而不是站在“我付出，一定利于我”的角度。当我们付出时是站在完全无我的立场，我们就会尊重对方、理解对方，自然知道对方想要什么，哪种方式更好。

付出，用正确的方式。

付出需要正确的方式、正确的场合，比如对方更愿意我们给予感受，而不是语言，对方希望得到你在公开场合的表扬而不是在家里。

精神支持、财富支持、事业支持、日常生活照顾，我们给的是哪一个？再看看下面的“付出”。

本意是关心，却变成了要求：

“晚上回来晚了，就别回来了。”

“亲爱的，晚上别太晚回来，注意安全。”

付出与回报，变成了交换：

“知道吗，我对你这么好，你以后也要对我好。”

“今天我对你好，你要记得感恩，知道吗？”

付出要有度，过度付出的背后，往往隐藏着期待。

我们常常会把对生命的遗憾寄托在伴侣和孩子身上，尤其容易寄托在毫无反抗能力的孩子身上，忽视了对孩子心灵的呵护。

由凯特·温斯莱特主演的美剧《幻世浮生》，讲述了这样一个故事：

女主角Mildred瞧不起普通的工薪阶层，通过婚姻改变了自己的社会地位和经济状况。她有两个女儿，小女儿乖巧懂事，而大女儿在她眼里，生来就高贵无比，跟自己完全不同，哪怕大女儿极其自私又恶毒。

她视大女儿为天才，并引以为傲，用对待自己梦想中的上等人的心态去教养大女儿，花大价钱，找大师，让大女儿学钢琴。而按照上流社会生活方式长大的大女儿，也在心底认为自己是高贵的。

相比母亲的爱，大女儿的心是愤恨的，那个拿不出手的母亲，不时地在提醒她不是天生的贵族。当她得知，妹妹突发疾病的时候母亲却在跟情人幽会，她对母亲的尊重也彻底丧失了。

最后终于不负苦心，她成了有名的女高音歌唱家，但她已然变成了一台不择手段的野心机器，连她的老师都称她为“毒蛇”。她不甘心只做小地方的高贵人士，她离开了家乡去大城市圆梦，只为能够站在世界的顶端，证明自己是一个真正的贵族。

而倾其所有付出的Mildred，最终失去了事业，没了小女儿，唯一的大女儿，她那寄托了全部理想的高贵的大女儿，成了一架冰冷、恶毒的野心机器。

在这个悲伤的故事中，不免让人疑惑，Mildred到底爱的是女儿，还是她梦想中的那份高贵？

她的付出，到底是为了女儿，还是为了自己，或者女儿只是另外一个无法成为的自己？

人们的需求错位，给予错位。很多时候的付出是一种自我陶醉和自我感动，我们往往忽略了最应该被感动的人是否感动，最应受到触动的人是否受到了触动，对于你的行为对方是否欣赏。如果你的付出没有得到回报，或者如果你总是被伤害或被牺牲，那是因为你自己没有价值。只有当你有价值了，你的付出才会被尊重。

在付出的世界里，我们是否用对了方式？

你的一次不尊重，可能被他记恨一辈子

爱的前提就是尊重，尊重是修养，忠诚则是品质，没有修养的人会少了幸福的理由，而缺失品质的人基本都无药可救。彼此尊重也就会彼此忠诚，而彼此忠诚就是最深刻的尊重。

在我们的日常生活中，经常有人提及这样的话题：你为什么不尊重对方呢？不尊重就是内心看不起，看不上对方。是什么导致你看不起对方呢？对方不够强大？对方对于你来说不重要，对方不能为你产生价值？

一天，一位妻子从外地回家了，快到楼下的时候给丈夫打电话，说："我回来了！老公你下来接我一下。"

丈夫说："东西多吗，快上楼吧！"

我问这位妻子："你为何到了楼下打个电话呢？"

妻子笑着，幽默地说："万一人家不方便呢，给对方留点时间呗！"

她丈夫在旁边听着笑了，虽然听起来是幽默的一段话，但是你从中看到了什么，想到了什么？多么有智慧的一个女人，到楼下先打一个电话，又这样幽默地对丈夫说，丈夫心中对妻子是

怎样的好感呢？

一天，玲玲去朋友王刚的公司拜访，恰好有一个客户来找王刚谈事，王刚把客户介绍给玲玲说“这位是××公司总经理”，但是并没有把玲玲介绍给客户。

玲玲说：“或许我留给王刚的印象是我当天的穿着很普通，或许觉得我和人家不对等，才没有介绍我。我心里有种未受到尊重和重视的感觉。或许我的价值不够，不如客户重要。”

很多时候，无论是谁，都应该一视同仁地对待，但能做到这一点的人，需要有一定的涵养、一定的素养。所以，德高望重的人出席一些场合的时候，你看到的是他的满脸笑容，对人一视同仁。他见到任何一个基层岗位的人都会点头微笑，别人递给他东西时他会说谢谢。

很多时候，不尊重别人是因为你瞧不起别人，这是你自己的素养问题，可以这样说：给别人一点尊严，给别人一点温暖，给别人一个拥抱，不要因为你瞧不起他而不尊重他。一次不尊重，可能被人记恨一辈子，所以说，尊重这个话题

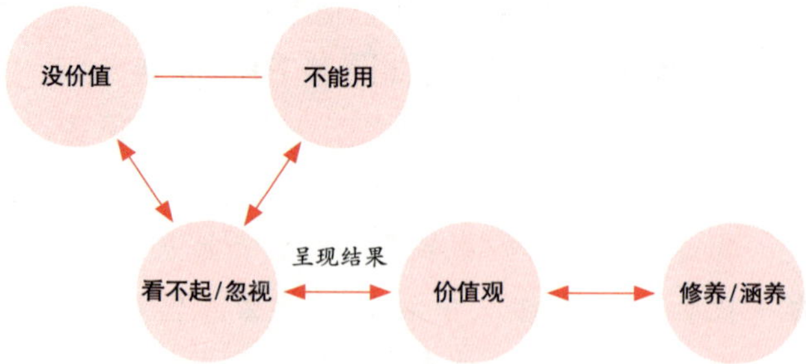

不尊重别人是你的修养不够

应该上升到一个高度专区。

为什么不尊重？源于看不起。

为什么看不起？因为对方没用，不为你所用，价值不够。

尊重别人是修养，是涵养，是价值观。

华东说："我爱人啊，经常在大街上和我吵架，而且每次吵架的声音都特别大，严重的是人越多，她的声音越大。我真的没有办法，很想逃离，非常没有面子。"

为什么会这样呢？是的，一些女人总是选择人多的时候不给面子，男人提供的价值供给也不够，无论是精神上还是物质上都没有足够给予。

有一次媒体采访成龙，成龙是这样说的："有的演员明显耍大牌，每次到拍摄现场，需要带七八个助理，还没有拍就喊累了。很多人在旁边为他服务，而他说话的语气一点都不好，不尊重这些服务人员。"

因此，在情感关系的世界里，我们需要尊重对方，给予对方面子。同样，我们也需要提升自己的价值，获得尊重。

在你的情感关系中，你是在建设，还是在破坏？

情感关系中一定需要欣赏和认可，这是前提，欣赏比批判更好，建设比破坏更好。不尊重就是在破坏。

问题智慧

1. 是否有过不尊重他人的事情发生？
2. 得到别人的尊重，我们的感受是什么？

你不自信，就会被人看不起

你不自信，谁还信你；

你不自信，谁还看得起你；

你是一朵花，自以为是一根草，慢慢地，你也就真的成了一根草。

不自信就会猜忌，就会引起矛盾。不自信表面看起来是自己的事情，但是会对周围环境带来巨大的伤害。

自信是在自我评价上的积极态度。自信是与积极密切相关的事情。没有自信的积极，是软弱、低能、低效的积极。自信是发自内心的自我肯定。自信是对自身力量的确信，深信自己一定能做成某件事，实现所追求的目标。

一个人一旦没有了信心，也就失去了心理平衡，就会开始疑神疑鬼，怀疑对方背叛自己。因为自己无法达到对方的标准，于是开始怀疑自己，不自信。

很多时候，不自信就会产生自卑的心理。自卑是一种消极的自我评价或自我意识，自卑感是个体对自己能力和品质评价偏低的一种消极情感。自卑感的产生，往往并非认识上的不同，而是感觉上的差异。其根源就是人们不喜欢用现实的标准或尺度来衡量自己，而相信或假定自己应该达到某种标准或尺度，如“我应该如此这般”“我应该像某人一样”等。这种追求大多脱离实际，只会滋生更多的烦恼和自卑，使自己更加抑郁和自责。

自卑是人生成功之大敌。自古以来，多少人为自卑而深深苦恼，多少人为克服自卑而苦苦寻觅相应的方法。下面这些途径和方法颇具操作性，有助于人们摆脱自卑，走向自信。

我的一位朋友，她从小在原生家庭就受到母亲经常性的指责，如总是斥责她，说她笨，什么事都做不好。这导致她后来结婚也很担心自己无法管住老公，整天疑神疑鬼。老公做任何事她都不放心，查手机，老公出去、回来，她都要反复盘问，几乎到了跟踪的程度。她担心老公出去花天酒地，这种情绪让她度日如年。

这种强烈的控制欲，其深层的原因就是不自信。其实，只要她内心接纳自己，相信自己可以征服老公的心，那么就不会神经过敏去查老公的手机，反复盘问他的去向。当她不控制对方的时候，情况自然就会变好。

作为女人，我们不但要经济独立，还要人格独立、思想独立，要有不依靠男人依然能活得漂亮的能力与自信。我们要在艰难中活出自己的价值，而不是凭着嫁个如意郎君，或是母凭子贵，借由他人实现自己的价值。

有一次，美国总统奥巴马的老婆去买花。花店老板说：“你真幸运，嫁给了一位总统。”她微微一笑，说：“我嫁给你，你也是总统。”

这简短有力甚至有些霸道的语言，透着强大的自信。这份自信，有雄厚的经济实力打底，有独立的人格和思想铺垫。未来的路很长，每个人都会累，没有人应该或必须去负担我们的全部。我们得学着长大，学着做一个独立行走的人，学着在婚姻中实现共赢。

真正自信的人，不在乎别人的看法，遇到问题和挫折时会朝积极的方向思考，源于内心的信念：我是可以的，我能行，我相信自己。

记得树良老师经常鼓励我的一句话就是："艳桦，你是最优秀的，你是独一无二的，做好你自己。"

每次我听到这句话，更多的时候，不会再把焦点放在别人身上，去挑剔别人，而是把焦点放在自己身上了。关注自己的成长，关注自己的每个状态，不再纠结，心态也自然走向平和。

无论是在人际交往中还是在工作中，自信都非常重要。自信，可以使一个人从平常走到辉煌；自信，可以使一个人从绝望看到希望；自信，可以使一个人从暗淡走向光明。自信，是成功的第一秘诀。正是如此，没有自信就没有成功，想要成功就必须先要有自信。自信是成功的必要条件。

自信的培养来自于日常生活中的累积和对知识的汲取。心理学家的研究表明，自信与许多行为相关联。一个人是否自信，观察他一贯的行为表现便能做出判断。换句话说，要建立自信就要从我们日常的一言一行开始。

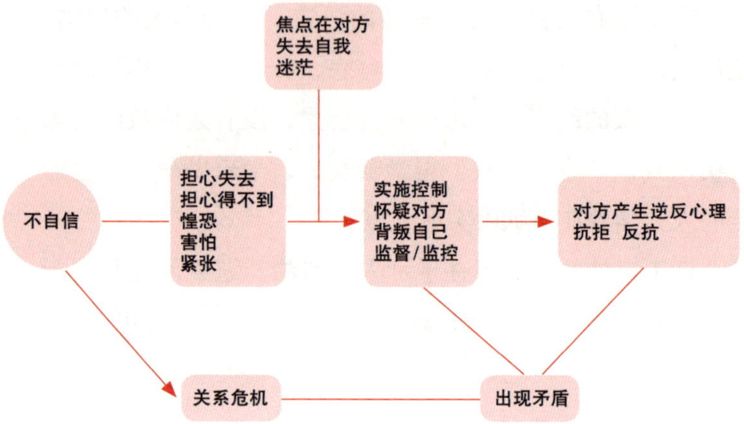

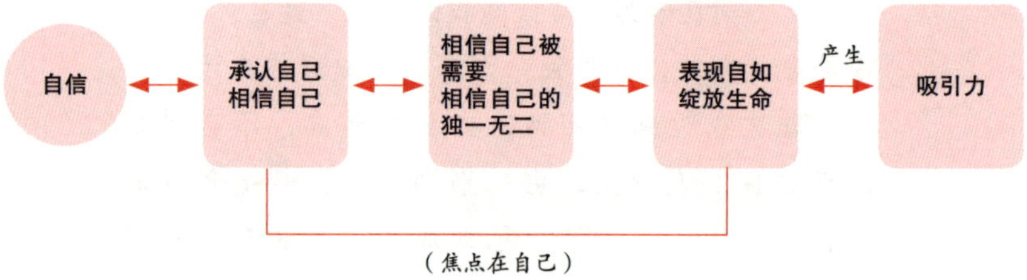

自信产生吸引力

问题智慧

1. 自信对于构建情感关系的重要性是什么？
2. 不自信会引发的情感矛盾有哪些？

“真”的“爱”一定会开花结果

“真”是那颗初心，是全心全意。“爱”是付出、忠诚、用心、勇敢、喜悦、愿意、责任、和谐。爱不是恨，不是征服，不是占有。真爱就是愿意为对方牺牲一切。

“真”的爱，就会无怨无悔地付出，不求回报地付出；

“真”的爱会为对方负责任，要对方更好地成长；

“真”的爱，风雨无阻，不离不弃；

“真”的爱会珍惜，会善待；

“真”的爱不是自私，不是爱自己的感受，不是爱自己的希望，不是爱自己的喜欢。即使对方不够完美，你都能接受，允许。

我一直坚信：世上没有永远的婚姻，只有共同成长的夫妻。

很多家庭内部经常会爆发争吵，但坚不可摧，因为他们彼此牵制，一个是孙悟空，一个是唐僧，谁是谁的如来？最牢靠的关系不是怦然心动、风花雪月，而是彼此需要。

婚姻的纽带不是孩子，不是金钱，而是精神的共同成长。在最无助和软弱时候，在最沮丧和落魄的时候，有他托起你的下巴，扳直你的脊梁，命令你坚强，并陪伴在你左右，共同承受命运的考验。感情除了爱，还有肝胆相照的义气、不离不弃的默契，以及铭心刻骨的爱情。

“真”代表了一种付出、贡献、选择，真的是在爱别人，不是在爱自己，或者打着爱别人的幌子实则只爱着自己。你的初心是真的。

爱同样代表了包容、理解、接受、接纳、允许，这种爱不是自私，不是索取。如果是这样，你们的爱一定会开花结果。

真的爱，接受优点，调整缺点。爱里面是一个心，无比美好的东西，感情会开花。

你所有的期许都是在祝福对方，你所有的付出都是为了让对方成长，你所有的贡献都在成就对方，你所有的“抱怨”都是为了让对方更好，而不是自己的感受更好。一切基于对方，“真”的爱一定会开花结果。

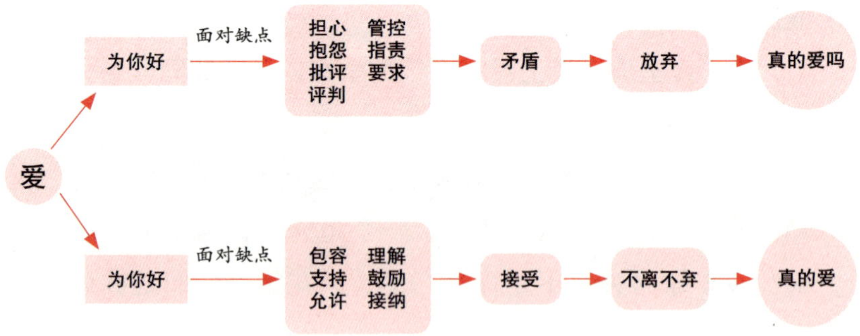

什么是“真”爱

问题智慧

1. 什么是“真”的爱？
2. 你“真”的爱他/她吗？还是打着爱他/她的幌子，实则只爱自己？

第二章

不要选择一错再错

第三章

能力成就最具价值的情感关系

选择不好是你的能力问题

人这一生都在不停地选择，不停地变换。有的人面对选择会困惑，有的人选择后会后悔，遗憾当初做了那个错误的决定。

选择是需要能力的，如面对众多标准做减法的能力、真正读懂自己的能力、鉴别他人的能力、臣服于自己的能力、自己不迷失的能力，以及自我控制和管理的能力等。

记得有一个咨询案例：

有一个45岁的中年男子，在过去20多年职业生涯中，从事过六七个行业，至少在五六个城市工作生活过，每次都能去挑战和尝试新的事物，不过个人情感上也出现了多次变动。结果，不管是事业还是个人情感均以失败告终。

后来这个男子在咨询时总结，每一次选择的时候，家人都提醒并叮嘱他要慎重选择，身边朋友也会劝说他，但是他还是按照个人意愿做了选择。

那么，这里面的问题就来了：

为何总是在做选择？

为什么做出这样的选择？

究竟什么原因导致做出这样的决定？

在别人眼里都是错误的，为何在自己眼里是对的？

为何不能聆听别人的意见？

自己究竟适合什么？擅长什么？拥有什么？将来要做什么？

看下面这张图：

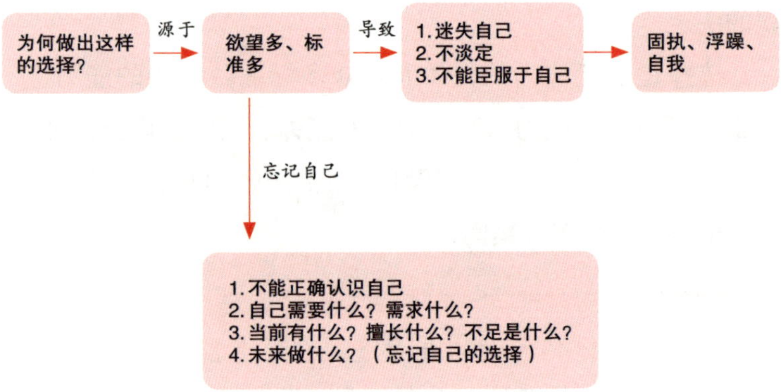

有一种选择失误

在做凤凰绘建设的时候，遇见一个伙伴。

我问她："你为何离婚了呢？"

她说："我原来的老公啊，就是个扶不起的阿斗。"

我问："哦，你给我讲讲你们是怎么结婚的呢？"

她说："哎呀，艳桦老师，我结婚的时候可奇葩了，我父母都不愿意，就是我一个人愿意，后来我还离家出走了……"

我问："那你结婚的时候，知道他的能力吗？"

她说："知道。"

通过这个案例，其实我们很容易了解到：

第一点，其实她自己是知道选择的这个男人的能力的。

第二点，做选择的时候，就是一个"愿意"让她忽略了对方是否真正合适自己的问题。

实际上，现实生活中，很多人因为这三个字"我愿意"或"我喜欢"错误地选择了自以为适合的对象、自以为适合的工作……

选择是一种能力，当然，包括你内心淡定、镇定、坚定的能力。

人生需要做减法

如何做正确的选择？

如何做出有效选择？

如何确定你的选择标准？

我们的一生都面对选择，选择一个好的幼儿园，选择一个好的小学、中学，选择一个好的大学、好的专业，选择一个好的工作，选择一个好的老公或老婆……

我们在众多备选要素中，如何有效地缩减范围，确定更加适合自己的对象？这是一个从大范畴到聚焦的过程。

考大学填报志愿时，最多填报三个志愿，第一志愿、第二志愿、第三志愿，最后在三个志愿中选择一个。在人的一生中，会罗列出很多标准和条件，但人生其实很简单，看似选择很多，其实只有两条路可选择，甚至你根本没得选。比如对和错、美和丑、善和恶、上和下、成功和失败。如果一定要选择，事实上也只有两条路可以选择，纵然中间会有再多的条件，我们的选择也是限量版的，是需要做减法的。

做最佳选择是一种能力，是一种目标感，让目标聚焦，抗拒诱惑和贪婪。人们天生就想获得更多更好的东西，但是未必我们都能够拥有。

人们在选择工作时，期望有好的领导、好的工作环境氛围、好的薪酬制度、好的公司发展前景，等等。

人们在选择配偶时，首先考虑的是选择人品好、身高棒、形象好、有责任感、经济基础好、工作较为稳定，附加条件是能有共同话题、共同的价值观、共同的兴趣爱好，幽默感十足，大气、成熟、稳重，等等。

有位成功女性跟我说："亲爱的，帮我介绍个男朋友吧。"

我问："你选择男朋友的标准是什么呢？"

她说："人品好，最重要的是对我好，其他差不多就可以喽。"

当我介绍一个人给她时，她的问题是："亲爱的，这个人是干什么的？有工作能力吗？我想把我的客户资源给他，这样以后我们一起打拼事业。这个人有房子吗？"

我心想：嘿，你不是说找一个对你好的人就可以吗？现在你怎么先强调他是否具备工作能力？你是找一个爱你的老公，还是找一个工作上的合作伙伴呢？

所以，案例中我们会看到，我们往往心里想的和脑子里过滤的是不一样的。每一个人内心深处都想拥有一个真正爱我们的人，但是经过大脑过滤，我们又期待更多。

通过上面的案例，我们看到，人们在选择时，很容易忘记了内心世界的那个最最重要的诉求和标准，最后做选择时，往往是其他要素阻碍了我们。我们被诱惑、贪婪误导了。

每当这个时候，我就在想这些女孩子都忽略了情感关系里的一个重要问题：我们选择的是人生伴侣，还是工作伙伴？的确，很多人往往忘记了当初那个核心要素！

在现实生活中，人们会给自己设置很多的选项，结果当我们选择时，往往忽略甚至忘记了我们究竟需要一个什么样的人，最后选择的时候只凭“感觉”。是的，很多人说：“我就是凭感觉。”换句话说，或许他/她真的不知道自己需要什么？这就是为什么很多人在选择之后才恍然大悟，原来标准太多，很难选择。

在现实生活和情感关系中，如果你要的太多，对方就不容易符合你的标准，因为对方不是完美的。你想要和谐的关系，如果你的标准太多，是无法达成愿望的。因此必须做减法。

生活中，究竟是因为什么发生了争吵，引发了不认同？职场中你为何会不愉快？我们选择好的公司、好的领导、好的文化、好的职位、好的福利、好的成长，但所有的美好怎么能聚在一起呢？如果你需要的无法拥有，你便无法开心快乐。标准和要求一旦多了，便影响情绪。此时你要做个选择了——那就是对标准和要求做减法。

很多时候，人生都需要做减法，减去一些欲望，减去一些贪婪，减去没有价值的身外之物；热闹的生命里有许多不堪负荷的东西，需要做减法。所以，人生做好减法，是一项很复杂高深的生存技巧，也是情感关系中的一门学问。

问题智慧

1. 你要求的那些是你真的需要的吗?
2. 今天你还未拥有，是不是你的标准太多造成的?
3. 你心里的要求和嘴上的要求真的一致吗?

你真的懂自己吗？

你真的懂你自己吗？每个动作，每一句话，你是否懂得自己正在经历什么？想要什么？

我说："未必吧！"

当我们失恋时，为了那段恋情痛不欲生、迷失自己……此时是否了解自己内心深处在寻求什么？是寻找自己付出的爱，还是对方给予的爱？

很多人喜欢炫耀手上戴的戒指、手表，除了炫耀，他们内心深处又想获得什么？虚荣心的满足？被关注、被称赞？

看下这个清单：

你是谁？

你当前拥有什么？擅长什么？兴趣是什么？不足之处是什么？

是否了解自己需要什么？未来要到哪里去？

你自信吗？

你是个温暖的人吗？

你有支付爱的能力吗？

一个真正懂自己的人，一定清楚自己的缺点，了解自己的短板，承认自己内心隐藏的缺点。很多情况下，我们不能接受自己那个短板，为了面子，用大脑做选择，与内心真实的需要做抗衡，那么这个选择结果怎么可能会好呢？

比如有些人想月入万元，但是他们的资历不够，水平不够，结果也只是想要而已。很多人在情感关系上也如此，希望有一个很优秀的人为伴，但你们的语言能同频吗？你具备感染对方的能力吗？你更适合哪些人？

懂自己，就不容易迷失自己。

我们需要时刻认清自己，知道自己是谁，知道自己要到哪里去，知道自己的能力。当我们一旦忘记或不清楚自己想要什么，就很容易迷失方向。

一个女孩，从小在家庭里缺乏安全感，长大后嫁给了一个人品很好的人。后来她在大城市生活，不安于现状，希望有更多的钱，于是开始嫌弃自己的老公，觉得他挣钱不多。但是当她转了一圈，发现一个人得到钱也是需要付出的，没有那么容易。于是她开始纠结，内心深处究竟需要什么，原来自己更需要的是家庭安全感，其次才是钱。

想要不迷失自己，就要真正了解自己想要什么，才不会被诱惑，随性地做出错误的选择。

人们不能接受当下、不满足于现状，源于人们内心深处有更多的标准、要求、愿望、欲望。那么，此时很容易做出其他的决定、其他的选择，也容易迷失自己，不能淡定，不能臣服于内心深处真正的自我需求。当然，人们执着于欲望时，也会出现固执、浮躁、自我的情形。

当人们产生欲望时，很容易忘记回看自己是否了解自己需要什么，当前拥有什么，擅长什么，不足之处是什么，未来要到哪里去，以及自己当初做那个选择时是匆忙的。忘记真我的选择必将出现错误的结果。

问题智慧

1. 你真的懂你自己吗?
2. 你真的敢于面对内心那个真实的自己吗?
3. 你真的清楚自己内心需要什么吗?

能否臣服于自己

我们喜欢别人臣服于自己。皇帝掌控天下，皇后掌控后宫，享受来自子民的臣服。人性里有掌控、控制的欲望。

然而今天我们讨论的是：如何让自己听自己的话？如何让自己控制自己？如何让自己臣服于自己？

父母告诉孩子不能多吃冰棒，太凉了，可孩子还是偷偷吃，因为甜；告诉孩子那个火炉不能碰，碰到会烫伤手，可孩子还是忍不住去碰；告诉人们不能吸毒，不能赌博，那会让你输掉自己的人生，可是还是有人去尝试，觉得有意思。

因为人们有好奇心、有欲望，明明知道“那个不可以做、不可以碰”，还是有人会去挑战、尝试。人们的头脑无法控制内心深处的准则。

不能臣服于自己，不听自己的心声，大脑不聆听内心，导致我们做出错误的选择。

我们能否看清现状，看清自己的能力，接受自己的不足？

你很清楚地看到需要做的是什么，然后采取行动，一次只做一件事，专注于一件事。受教于大自然，看万物如何成长，看生命如何在没有不满和不快乐的情况下展现奇迹。这就是耶稣说“看那野地里的百合，它们不耕不纺却能长起来”的原因。

你能否臣服于自己的情绪？

如果我们能够臣服于自己，也意味着我们在做判断和选择时，是趋于理性的，朝着目标前行的，不被中途的诱惑、障碍而迷惑。

臣服于自己的不足，臣服于自己的缺点。

问题智慧

你需要臣服于自己的什么？

人生需要一个包容你的人

我们需要一个爱我们的人，一个宠我们的人，一个理解我们的人，更需要一个包容我们的人。

在今天这个社会，选择多样化，像“90后”，多为独生子女，价值取向更加自我了。在这样的时代，我们更需要接纳的心态，只有接纳才能产生合作。

合作包括事业上的合作，情感上的合作。

在家庭里，为什么包容如此重要？现在的离婚率这么高，因为人们不接受麻木的生活，或者自己不能接纳自己。为什么不爱了？因为细节问题出现了，伴侣会在里边找理由，从你的性格、价值观、能力这一系列里面挑刺。在挑刺的过程中，你在拒绝，在寻求自我，为什么会有禅修，为什么会有国学热，就是为了让大家更加淡定从容，冷静下来，才能够接纳。

所以我们在选择时，首先把包容拿出来。人文环境、人的个性、人的自我实现方面，和别人去探讨这些，没有包容你就根本上升不到格局的层面。什么叫格局，格局就是站得高看得远，能够包容。所以我们从人文环境、人的个性、人的自我实现上谈包容。

包容意味着允许，意味着不计较，意味着放过。放过对方的错误，放过对方的不足。我们何尝不是期许着身边的人能够包容我们的瑕疵呢，对于我们的不足给予一份宽容，甚至于给我们一个机会。

一名职员说：我目前能力不足，希望公司能理解我、包容我，给我机会。

一位企业家说：我们企业在创业期，无论是管理模式，还是福利，都不能令员工满意，也无法照顾每一个人的感受。如果公司有做得不到位的地方，还望海涵。

一位男性企业家说：其实很多时候男人就像一个孩子，会发脾气，会撒娇，会固执，会幼稚，甚至不擅长沟通。因此，我们更需要女人理解我们的这些特质，并且在理解我们的同时能包容我们，包括男人的不足和偶尔的过失。

一位女性朋友说：其实我们女人天生就喜欢别人哄，喜欢听动听的语言，喜欢撒娇。所以希望男人包容女人更多，不要一看到女人的弱点就放弃。

呵呵，你看到了，无论男人还是女人都需要得到别人的理解，得到别人的包容，得到更多的爱。

我们的情感世界里，需要一个怎样的人？

我们每个人都需要爱，需要温暖。

爱和温暖，就是对过错、不足、不完美的包容。

问题智慧

你觉得在情感生活中，包容的重要原因是什么？

什么是“合适”的人

我的一个朋友海燕对我说：“亲爱的，你给我介绍一个适合我的人吧。”

言外之意就是对方的条件要符合她的标准，才算适合她。那么，你适合别人的标准吗？

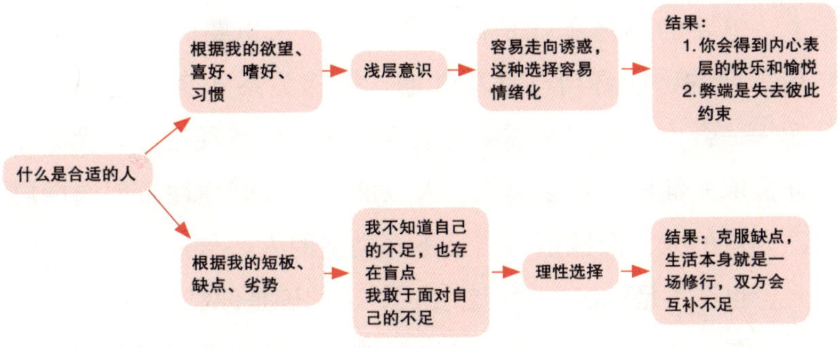

什么是合适的人

我们先对什么是“合适”的人进行分析。

第一种“合适”的人，是你认为的“合适”，符合你的欲望、喜好或行为习惯。比如：有人喜欢唱歌、喝酒，就希望找一个和自己爱好相同的；有的人喜欢足球，就希望对方也喜欢足球。但是你会发现，这是浅层意识的青睐。从某种意义上说，对方的这些特点恰好符合你的感受、偏向和兴趣，因此你就容易被诱导，这属于感性化选择。优点是此时你得到了内心表层的愉悦，弊端是失去了彼此的约束。

还有一种“合适”的人，就是基于你清楚自己的短板，知道自己的缺点和劣势，明白自身不具备的能力或心智等，与你互补的人。例如你智商高，对方情商高，促使你在某方面成长，对方引领你，弥补你的不足。

我们常说，这个人是来要求你、对你负责任并且约束你的，正因为这样，才让你变得更优秀。

什么是你真正需要的？你想要的和你真正需要的，是不是一回事？

想要的不等于就是你需要的。有人想要的是欲望，但是需要的，或许自己都不知道。情感关系本身就是一种合作——合作的过程是需要协调沟通的。价值观相同，优势互补，填充漏洞。物以类聚，人以群分。人们往往希望选择自己喜欢的人，而抗拒与自己不同类型的人。与你“互补”的人，也许不是你浅层意识想要的，但的确是你需要的。

你是选择你喜欢的、感觉好的，还是选择你需要的？如果当初你因为“喜欢”“感觉”而做出选择，等于是感性的选择，那么未来和你的理性需求就会存在偏差。这也是很多情感关系破裂的原因之一。

你最终做出的决定是按照你之前定下的标准，还是被你的其他想法（感受）替换了？

你选择时，真的能区分什么是你喜欢的，什么是你需要的？

人们选择时，常优先照顾自己的喜欢和感受，却忽略自己的本质需求。

> 男生对女生说：你给我的，不是我需要的！
> 女生对男生说：你真的知道你需要的是什么吗？

这里说的是，需要一个生活习惯与你“互补”的人，影响你的生活习惯。有的男生生活无规律，喜欢自由空间，希望女生不对自己进行约束，但在不约束的情况下，两人事业失败了，同时也离婚了。或许男生依然会按照自己过往的生活模式和喜好类型去寻找。

一个人喜欢吃肉食，如果你点菜时给他点素食，他会告诉你我需要的是肉食，我喜欢吃肉食，我习惯吃肉食，每次吃饭都需要肉。现实生活中大多的人是这样，他拒绝你给予的合理膳食，去医院体检时，医生告诉他，你的身体“三高”，需要多食纤维。

这个案例中，你看到了什么？人们面临表面需要和实际需要的选择。

在你做选择时，你是否真的具备区分的能力？

情感关系中，多少人因自己感觉喜欢的表象需求做出选择，走上人生的迷途，并为此纠结，不仅增加了人生的成本，而且迷失了方向。

看清你的情感需求，选择对你产生积极正面影响、加持滋养你的生命、令你成长的情感关系，亦是一种方向。

“需要”分成两个层次，一个是“表象需要”，一个是“隐性实际需要”。

表象需要：一般指一个人按照自己心里期待的感觉、感受、喜欢、习惯来定义的需求。

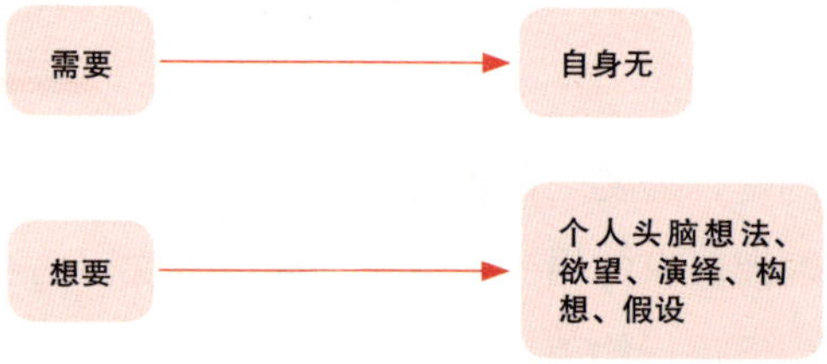

需要和想要

实际需要：一般是一种无意识的需求。例如：自己性格、习惯、思维、价值观等缺失而自己未意识到的一种本质需求。

成为对彼此合适的人是需要过程的，调整自己的要求，不断进行磨合和适应，区分自己的愿望和真正的需求。

合适，就是那个你能降得住，又能降得住你的人。

问题智慧

1. 你想要的是什么？
2. 你内在的需求是什么？

“凹凸”互补，才可以成长

在现实生活中，很多人在发生情感矛盾时都会发出这样的感叹：“我们合不来，生活习惯不一样，生活理念不一样，性格不一样，兴趣爱好不一样，工作方式和思考问题的角度不一样，审美观和对品质生活追求不一样。”

很多人在工作中说：“我不能适应，企业文化不好、领导不好……”

其实在我们的生活中，很多问题都是大同小异的。“凹凸”互补，是一种互补、共进的价值观。

在情感关系里，遇到问题总要双方去化解。处理情感问题的方式不好，不利于情感交流与进步。我们说的“凹”是锁，“凸”就是钥匙。两个人都是“钥匙”不行，两个人都是“锁”也不行，一定要互为对方的“钥匙”或“锁”，趣味相投。“凹凸”互补，接受这样的关系，才会对你的人生有最持久的影响。

其实，你发现没有，当下的夫妻，一定是有区别的，所以在选择的时候到底什么才是合适的呢？

记得有一次，我把这个“凹凸”打印在了A4纸上，裁剪之后，我就把这两个字用胶带粘在了一起，然后我又买了一个荣誉证书，将这两个字贴在了荣誉证书上。那天我的先生病了，在输液，我说今天送你一个礼物吧，“凹凸”。

事实上我想表达的是：当我们任何一方在责备、挑剔对方时，想想我们存在于彼此生命中的作用——只有不一样，才是共进的。或者说我们只有一起成长才有价值，你有我无，我有你无，相互弥补，成为彼此的老师。所以说凹凸互补才能成长。共存、共进、共长，你有你的功能，我有我的价值，这叫彼此滋养。

要求别人，是女人的专利，同样也是男人的专利。其实我们每个人都知道这世上没有完美的人，但又忍不住想去把身边的人塑造得完美，所以生活中我们常常颇有抱怨。对待周围的朋友或同事，我们可以用宽容的态度来对待；对待爱人，却忍受不了他（她）身上的一点瑕疵，反而愈加苛刻。

如果你是个完美主义者，总想着有十全十美的爱人，那么我只能说，你是悲观的完美主义者，你永远不可能拥有幸福的婚姻。

这个世界本来就没有完全一样的个体，参差多态乃是幸福本源（罗素），不一样的世界才会成长、共进、互补。我们需要学会接受、包容、理解我们关系中的不一样。

“凹凸”互补

问题智慧

1. 为什么夫妻“凹凸”互补才能彼此滋养?

2. 为什么不一样的世界才会成长、共进、互补?

3. 你很清楚“凹凸”互补，是什么导致你不能接受?

同频是选择还是创造的

听到“同频”这个词，联想到实际，你的脑子一定会蹦出平等、一样等词汇。

同频是选择出来的，还是创造出来的呢？夫妻之间，或者两个人在交流时，我们认为应该是同频道的。因为我们会通过无数次选择，选定一个跟自己同频的人。但是对于完全同频，你会发现就像大海捞针一样，是不存在的，不可能存在和你完全一样的人。这就会产生另一种情况，“同频”是被创造出来的。

其过程：第一是磨合。两个人在一起时间长了，在相处中慢慢了解彼此，比如了解各自的爱好、性格、行为习惯，以及各自爱吃什么饭、喜欢什么东西等。所以说，同频就是磨合出来的。

第二是接受。比如说，我跟他性格不合，我跟他价值观完全不一样，怎么接受呢？我们说不同频道的时候，就等于说我们想法不一样，做法也不一样，但是在这个不一样当中，其实是没有对和错的。不能说谁的想法错、谁的想法对。不能按照对错论来说，所以这就面临一个问题：如果你选择了接受对方，就会去创造同频。

每个人都希望有一个同频的人。比如，我们的知识结构是一样的，说话的时候我们在同一个频道上，我一说你就懂。如果我们受到的教育和生活环境不一样，知识结构就会不一样，从事的工作也会不一样，那就不可能处于同一个频道了。

当有的问题我跟别人说的时候，我一说他就能明白，但是跟你说的时候就需要反复讲，反复去阐述我的观点，那么在这个问题上我们是不同频的。在这种情况下，我们都希望我们之间的相处是同频的，我希望你跟我同频，我希望你理解我。所以说，这个世界上所有的合作伙伴都希望是同频的。

同频是创造出来的。

我跟我的一个女性朋友，其实最初相识时我们俩并不同频。但是我们一直在磨合，为此我连续给她打了三个月的电话。当我的想法她不能理解的时候，我就不停地向她解释，不停地阐述。

慢慢地，经过一个阶段，她就完全能理解我在说什么了。

所以第一个阶段就是磨合，即使你不理解，我也愿意接受你，不烦你，不讨厌你，不拒绝你。这样去磨合，对方才能理解我的想法。

同频是一个结果，没有任何一个作品拿来就是完美的，每一个作品都是需要雕琢的。情感关系也是一个作品，需要磨合，需要雕琢，需要后期反复加工。

同频是一个结果。我们要在生活中创造同频，成为同频，而不是想象把同频前置，说我一定要选择一个和我一模一样的性格、一模一样的价值观、一模一样的工作习惯的人。否则，或许你已经失去了自我和机会。

生活中的合作，就是我们在相处过程中能够互补。

同频这个概念，在现实生活中，容易让人产生一种错觉：把大家希望的标准，想象的那个标准，当成现实中的一种选择标准。也就是说给你一个画面，我们要仰望那个同频。但是现实生活中，没有两棵树长得一模一样。所以，当我们把这种希望、期待当成现实的选择标准时，就会觉得很辛苦，一旦发生不如意，就容易产生放弃的心理。

问题智慧

1. 在日常生活和情感关系中，如何构建同频的对等性？
2. 为什么一模一样的同频会让你失去自我？

吸引力是一种无意识选择

爱情不是被感动，而是被吸引。如果你自己缺乏魅力的话，你所做过的所有让自己感动到流泪的事情，对方未必领情。没有任何真爱是被感动来的，只有当你拥有的魅力让人愿意为之付出，才能建立起真正牢固的爱情！

一个人之所以会与你走在一起，通常有两种原因：要么是你有意识地选择的，要么就是无意识地被吸引来的。如果是你无意识地吸引来的，你面临的问题就是接受。

为了达成目标，我们可以表现，可以用心。为了让别人喜欢，我们可以化妆，可以说别人喜欢听的话，这是有意识地吸引对方。还有一种是无意识的，例如趣味相投就是无意识的。

我们对身边的人不满意，觉得他不够好，责备他，却依然接纳他。

怎样才能吸引我想要的情感呢？很多人总是遇不到，并非运气不佳或自身不好，而是从来没有好好想过，自己到底要吸引怎样的人和怎样的情感。

当我们问：你想找个怎样的人啊？通常得到的回答是：我没有什么过多的条件，只要两个人有感觉就好。

每当我听到这样的答案，我就觉得这个人要遇到适合的和自己想要的，基本没戏。问题就出在“要有感觉”上。

你对一个人有感觉，并不像我们在电影上看到的，两个人相遇时，不由自主地眉目传情和抑制不住地蠢蠢欲动。其实，两个人要有感觉，或者你对一个人要有感觉，首先是无意识和潜意识的运作，其次是认知匹配后的产物。

也就是说，你对异性的看法，早就在你的童年和原生家庭里被一点点地塑造出来，只不过，你自己不一定意识到罢了。所以，你就会发现，不知道为什么，你有感觉的人，不是像你爸爸，就是可以满足你童年一直没有被满足的愿望的人。其次，感觉也是通过认知才获得的，如果你连自己想要怎样的人和适合怎样的人都没有认真思考过，那么即便那个人出现了，你也认不出啊。

所以，要吸引到想要的爱情，你首先要好好翻看下自己不小心写进潜意识里的“理想清单”。因为，潜意识里被植入的，并非真的适合你，首先要看看你有着怎样一个原生家庭。

当然啊，我也写过这个理想伴侣的清单，最后的实验结果就是，我现在的他并不是百分之百符合清单上的标准。这也是我想对那些真的想找到另一半的人说的：这些标准只不过是让你清楚地认识自己，知道自己要什么，世界上没有百分之百符合你期望的人存在。

我个人的期望不高，我觉得只要可以满足我60%以上的渴求就已经足够了，余下的40%，就是可以帮助自己不断成长的礼物。如果一个人超级完美，你很爱他，那是他的本事；如果一个人不够完美，你还是爱他，那是你的功力。

如果你可以打开你的心扉，想清楚自己要什么，那么吸引到真爱，其实不难！难的是你吸引到对方之后，发现对方不完美，和你期待的有落差，你还可以持续地去爱去承诺吗？很多人都只问怎么才可以吸引到想要的爱人，却很少问，吸引来的人不完美，我要怎么才能继续去爱对方。后面才是关键。

那位“养”你的人，从来不是找来的，而是被你吸引来的。不是吗？

如果你拥有这样的伴侣，真的要好好地祝贺你。

对于女性朋友来说，我们不仅要去找一位能“养”你的男人，更要成为一位能滋养他人的女人。

我们可以多读书，拓展我们的视野。

我们可以多旅行，增加我们的内涵。

我们可以多运动，提升我们的气质。

我们可以多说话，提升我们的表达。

当你成为更好的自己，就会具备更强大的磁场，同时也成为一个更有吸引力、更能“养”人的人。

问题智慧

1.为什么吸引力是一种无意识的选择？

2.为什么写下潜意识里的“清单”，才能吸引到真爱？

第三章

能力成就最具价值的情感关系

第四章

用对你的方式

爱的能力

首先我想谈谈对“能力”的解读。

一个人拥有能力，一定具备三个要素：一是知识，指综合知识；二是经验；三是技巧/技能，如沟通技巧、谈判技巧、思维技巧等。三位一体，从而形成能力。

能力

无论是在家庭生活还是工作中，谈到幸福或成功，除了心态、努力、机遇，就是能力了。给了你机遇和平台，甚至一个人站在你面前，你是否具备营销自己的能力、被认可的能力、被喜欢的能力、经营情感关系的能力？

情感经营需要能力

我们经常听到：被放大的欲望，被忽略的能力。

情感关系是需要能力的，这个关系

里没有人能帮到你。

爱是被没有爱的能力的人破坏的，“婚姻”本身不会破坏爱。

爱被破坏，要么是当初就没有爱，要么是因为缺乏爱的能力。

多少人是因为没有爱的能力，最后找了一句“不适合”来承担结果？

如果了解爱的艺术，提高爱的能力，爱就会生长，婚姻也就成了让爱成长的空间。

在众多婚姻情感案例中，我发现一个共性：当事人缺乏爱他人的能力。一个人，如果不能真诚、谦恭、勇敢和有纪律地爱他人，不能富足、温暖、平和，那么在情感生活中，就增加了出问题的概率。从这个角度看，情感问题，也是爱的能力问题。

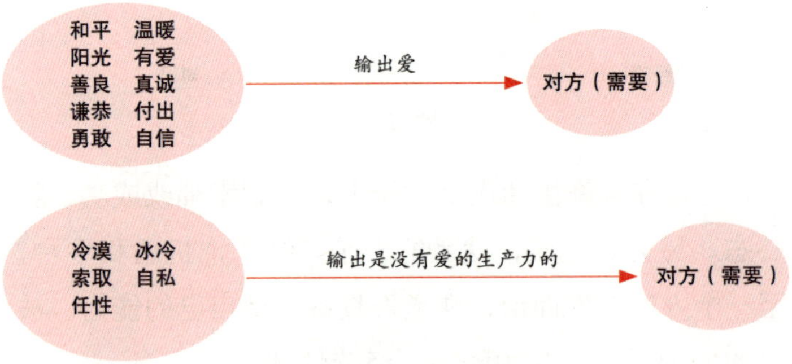

爱的能力

想爱别人，必须具备爱的能力，爱的输出能力，爱的生产力，成为爱的光，爱的热，像太阳照耀大地，放射光芒，温暖人心。

人们都愿意被爱，请问谁愿意爱一个冷漠无情、没有激情又无趣的人呢？鲜花能吸引蜜蜂，这就是吸引力法则。

若被爱，先有爱，先成为爱的核心。

人们通常认为，要获得情感，首先是自己能否被人爱，而很少考虑自己有没有爱的能力，因此关注的是，别人会爱我吗？为了达到这一目的，不同的人选取了不同的途径。男性常采取的方法是尽可能地获得名利和权力，女性则通过保持美丽容貌、注重服饰打扮使自己更有魅力，所谓“男为悦己者勇”“女为悦己者容”。不论男女，都有通过提高自己修养和品位的方式，来获得被人爱的可能性，如举止文雅、谦虚礼貌、乐于助人、谈吐幽默等。以上方式，都是要引起别人的关注，增加对异性的吸引力。

有些人认为，爱的问题是一个爱的对象的问题，而不是自己的能力问题。他们认为爱本身十分简单，关键在于找到适合自己的对象或爱自己的对象。究其原因，以前的婚姻，多是通过介绍人或撮合者以条约的方式确定下来的。婚姻讲究门当户对，至于爱情，人们认为婚后自然就会产生。这种婚姻因为选择少，接纳度高。双方从小成长环境相似，性格、认识、爱好和习惯易达成一致，所以婚姻稳定持久。

而现在，浪漫的爱情被普遍承认。这种自由恋爱的方式，选择的重要性增加。归根结底，现代爱情故事，很多是以权衡对方及本人的交换价值为前提，既要考虑对方值不值得我爱，也要考虑自己的实力和条件，对方会不会看中我。在当代商品经济占统治地位，以及物质成功被看得高于一切的文化中，人与人之间的爱情关系也遵循商品交换的基本原则。

陌生的男女，通过人际吸引，最终相许，融为一体，两人结合的一刹那，成为最幸福、最激动人心的体验。男女间奇迹般的亲密之所以容易发生，往往和双方能够满足对方某方面需求有关，和性的吸引力有关。一旦把这种如痴如醉的爱恋认为是婚姻中永远应该存在的内容，想象和事实就产生了偏离，因为，当某样东西被熟悉后，其吸引力自然会下降。激情式的爱情，就其本质来说，不可能持久。出于浪漫愿望而产生的婚姻，正是导致情感问题的原因之一。

无数的案例，让我有这样的感受：很难找出一种现象，像爱情那样以巨大的希望开始，又以如此高比例的失望而告终。要想让公主与王子的故事永远定格在“他们开始了幸福的生活”，我们应反思自己，吸取教训，学会如何去爱，以利于情感关系向良性的方向发展。

爱情是一门艺术，要学会爱，就得像学其他艺术如音乐、绘画、雕刻技艺一样，提高爱的能力，掌握这门艺术。

爱情的首要特性是“给”，而不是“得”。什么是“给”？这个问题似乎很容易回答。一个人格不完善和不成熟的人，常把“给”理解为放弃，被别人夺走或做出牺牲。一个非常自我的人也可以“给”，但有前提，一定要通过交换，只“给”不“得”，对他来说就是欺骗，有被人拿走东西的感觉，这种人大多拒绝给予。婚姻中经常说对方骗了自己的，多属于此类人。还有一种人，把“给”看成自我牺牲的美德，认为应该这么做，“给”就是准备牺牲。对这类人来说，“给”比“得”要道德，意味着宁可忍受“损失”，也不要体验快乐。凡此种种，都是在情感生活中，对“给”的歪曲理解。

人格完善、心智成熟、懂得爱的艺术的人对“给”的理解是：“给”是力量的最高表现，恰恰是通过“给”，才能体验我的力量、我的富裕、我的活力和我的责任，体验到生命力的升华，并使自己和对方充满欢乐。“给”比“得”带来更多的愉快，这不是因为“给”是一种牺牲，而是因为通过“给”表现了自己的生命力和责任感。我们不会因给予而失去，也不会因给予而贫穷。

从婚姻的很多现象中，我们不难看到爱的给予特性。比如，母亲爱孩子，她会把自己的养料给予腹中的胎儿，给婴儿哺乳，给孩子拥抱和温暖，等等。又如，在两情相悦的性活动中，双方的互动也是一种给予的行为：男性把精液给予对方，女性在接受的同时也在给予，只不过表现形式复杂一点罢了。

对人来说，不能给予是极其痛苦的，总是得到的人不一定快乐，能给予的人才是幸福的富裕者。“给”的行为会让人获得力量感，增加自我认同感，并提高自尊，感觉自己是一个有力量的人。害怕给予的人，不管拥有多少，从心理学角度来看，和一个贫穷者无异。

有爱的能力的人，可以把他有生命力的东西给予别人，并一同分享欢乐。通过“给”，满足了对方，也丰富了自己，他“给”并不是为了得，而是通过他的“给”，唤起对方的生命力，激活对方也成为一个能够给予的人，在提高自己生命感的同时，也提高了对方的生命感。“给”

和“得”的人都会感谢这股力量，双方都会因为唤醒了生命力而充满快乐，因此，“给”也意味着“得”。在情感生活中，那些希望控制对方的人，只关注自己的“得”，而忘掉了自己也需要“给”，是缺乏爱的能力的表现。

爱只能用爱去换，如果爱别人，却没有唤起对方的爱，那么这种爱情是软弱无力的，是一种不幸。懂得爱的艺术的人，有爱的能力的人，他“给”的同时，不会把对方看作是施舍对象，而是努力和对方建立一种共生的亲密关系。能不能把爱看成给予，取决于人格的发展和完善程度，那些内心强大，充满自信的人，很少依赖别人，他们能找到对自己生命力的信赖。而缺乏这种特质的人，因为害怕失去，就害怕献出自己，也会害怕去爱。

婚姻从未摧毁任何东西，只会让潜藏在里面的人格显露出来。

总结我认为做女人的几大关键问题有以下几个：

1. 女人最应该具备的是激发男人爱自己的能力；

2. 女人应该让男人站在五米以外看你；

3. 女人要学会抓主动权。

成功的自我营销让你成为赢家

“营销”这个词用在情感关系建设中，你或许一时间还不能接受吧。但是，我们必须理性、客观地来看待和面对这个问题。

先来回顾一下我们过去的生活和工作的实际状态：

从幼儿园开始，学校里就有优秀宝宝、学生干部、三好学生等评选活动；毕业后，我们找工作需要参加面试；生活中，我们找对象……这些无一不是“展示自己”的过程。在现实生活中，人与人相处时，我们总是把好的语言、行为、正能量传递给朋友，才可以拥有良好的友情。

在工作中，我们总是把自己身上最美的一面、最专业的能力和优秀的特质，展示给领导或客户，获得他们的信任和认同。而在家庭生活中，很多人认为只需要日复一日地照常过着，不需要情感维护和营销。

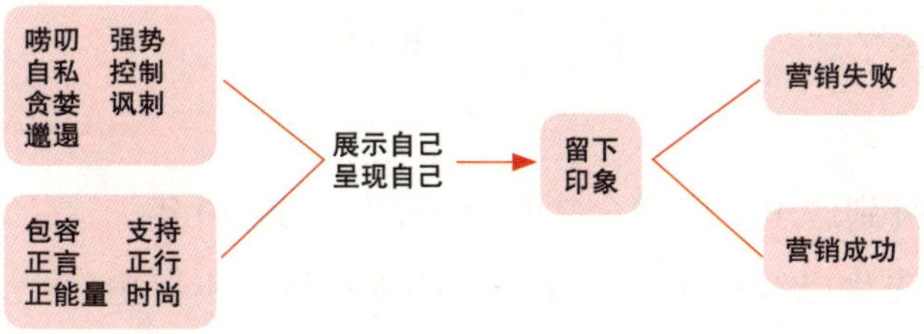

自我营销

其实，我们这里谈的营销不仅存在刻意营销和无意识营销，还有家庭生活的情感关系经营。无论对方是什么人，我们都应呈现出自己最好的状态，给予对方满满的正能量。如果没有这个基本的自我要求，那么我们的生活和工作将因为给别人传递负面的语言、情绪、形象而变得一塌糊涂。

记得三年前，一个50多岁的高中物理老师找到我说："艳桦老师，我的家庭出现了问题。我的女儿22岁，大学毕业了，我和我的爱人出现情感问题。您看，如何让我的先生迅速回心转意呢？"

我上下打量了一下这位高中老师。

非常传统的穿着，很普通的毛衫。

我问："这么多年您一直是这样的形象吗？"

她说："是的。"

我问："那您把家庭生活里一些有意思的事情，跟我讲讲好吗？"

她说："也没有什么特别的，就是上班、下班、吃饭、看电视、睡觉。"

我问："您的个性、性格、习惯呢？"

她说："我就是脾气急，对日常生活没有什么憧憬，很懒散，觉得孩子已经20多岁了，我们是老夫老妻了。"

我听到这里，已经全然明白了。结婚近30年，这位大姐给她的先生已经留下一个深刻的印象：从来不打扮自己，对生活懒散，没有趣味，脾气急躁。这就是她自我展示的形象。

那么遇到问题，想迅速改变别人的印象，怎么可能呢？

在日常生活中，维护情感关系是需要有营销意识的。夫妻也是合作关系，我们是彼此的客户，需要把自己最好的一面展示给对方，获得“黏性”。

这种“营销”是一个自我展示、自我塑造的过程。不论是在商场还在情感关系中，自我塑造和营销展示，是我们与人交往时持续不断的主题。

营销无处不在，无时不在，我们一辈子都需要营销自己。我有一门课程叫《做一个别人喜欢的人》，讲的是：你找工作面试的时候，面试官给你打分，“营销”失败便不能进入公司；卖产品的业务员，见到客户，“营销”失败，遭到客户拒绝；相亲也一样，“营销”成功，两个人便能开始交往。

相亲时，我们会化妆打扮、表现自己、营销自己，目的是获得较好的第一印象；结婚后，实际上是需要继续营销的，如果我们不再营销自己，不再表现，两人之间的感情就会发生变化，感情麻木，开始有断层，甚至产生婚姻危机。面对家庭生活，日复一日洗尽铅华的你，不等于可以不提高、不成长、不塑造自己的“品牌”。我们要做什么样的女人，给自己一个“品牌”定位，是做邋遢的女人，还是做精致的女人？做好个人定位，然后朝这个方向努力。

在婚姻中，我们一旦失去了自我约束意识之后，就会变得肆无忌惮，处于忘我的状态。面对突然出现的情感危机，很多人问如何解决、如何说服对方。感情问题是靠说就能解决的吗？你过去的定位已经刻在对方的脑海里，破坏感觉和感情的是什么？你如何推销自己？你营造了唠叨、强势的个人形象，你的个人品牌建设是那样根深蒂固，一旦发生危机想凭借你的口才就想说服对方？如果客户对你的个人品牌失去信赖，还会相信你吗？

记住：当市面上出现更好的产品，人们将购买更好的产品。

因此，如果你未婚，那么从当下开始，给自己贴标签：你是谁，做什么样的女人，职业生涯规划是什么，在婚姻家庭中想做一个怎样的女人……这将决定你的生活品质。

在情感关系中，也要进行自我营销，成为情感的赢家。与商品营销一样，最终的目的都是把商品推销出去，让客户买单。

问题智慧

1. 你在领导/朋友/家人面前，呈现的是充满正能量的角色，还是饱含负能量的角色？
2. 你在家庭中，爱人对你的形象和为人处世打多少分？

成在情商，败在情商

谈情商的文章很多，那么究竟什么是“情商”？如何才算是高情商呢？是说好听的话，赞美对方？是被认可，拿下客户的订单？……

我们学习关于情商的文章，就是希望自己是那个高情商的人，能够妥善解决和处理更多的问题，但是现实中依然做不到。在工作中，多少失误是因为情商不够，导致失去了机会。在家庭生活中，因为情商不够，没有形成良好的情感关系。

一个朋友想去参加一个企业家课程，但是老婆不支持。

我问：“你老婆不支持，那么你有没有告诉她上课的价值和意义呢？”

他说：“没有，我没说。”

我问：“为何不说清楚呢？”

他说：“我不想说，我觉得她应该理解和支持我，而且我作为男人，不想屈服。”

大家在生活中应该见到过很多类似的例子吧。一个简单的细节，看似老公没有搞定老婆的能力，其实不然。我的观点是：很多时候我们并不笨，我们有办法，但关键是我们是否愿意付诸行动。

高情商的人是可以做到心甘情愿、处处用心、体贴入微。

真正高情商的人一定体现在内在，不是你听到和看到的，而是你感受到的。

高情商里有一条是“心甘情愿”。

在日常工作和生活中，没有处理好一件事，有多少是因为我们“不愿意”，而导致不好的结果发生的呢？

在情感关系里，有一个著名的“多喝热水”的故事：

女孩感冒发烧流鼻涕，一量，39℃，迷迷糊糊，下不了床，就掏出手机给男朋友发了一条微信：“我发烧了，好难受……”

没多久，男朋友回复了：“是吗，没事，多喝点热水，睡一觉就好了。”

看到这样的回复，你是不是想把手机直接摔到墙上？男人应该反思反思，感冒发烧了，女人难道不知道要吃药、喝热水吗？

感冒了多喝热水，这点基本的常识对于一个成年人来讲是肯定有的，女人要的是情感上的抚慰，不是问你应该怎么做。所以你看，情商低的人脑筋是直的，不会拐弯，只会按照自己的思路想问题，根本不会换角度看问题，难怪总被骂“活该你没有女朋友”。

总被骂“情商低”的人也觉得挺冤枉的，自己也不想那样，可就是控制不住，明明心里不是这么想的，可话一出口就伤人。苦恼啊，就是改不掉。

有一个朋友说：“艳桦，你给我推荐几本关于情商的书吧，我想提高情商。”

这个朋友是做技术的高级人才，博士毕业。在我的印象里，她确实情商不高，所以在她的事业里，技术给她加了分，情商却给她减了分，也影响了她的晋升。

有一次我晚上11点出差，飞机航班临时取消，航空公司统一安排，将乘客送到酒店再做调整。我打电话告诉这个朋友航班取消了。她在电话里第一反应就是“你怎么这么倒霉啊”，我听到后迅速挂了电话。当然她也没再打电话来。

次日，我和同一个房间的朋友说起此事，我们商量约定，我打电话过去，问一下这个朋友当时是怎么想的，于是我将手机设置成了扬声器模式。

我问：“亲爱的，昨晚我挂断了你的电话，你为什么没有打过来呢？”

她说：“我看你挂断了，还以为你那边不方便呢。”

我问：“这么晚我在异地，又在你在的城市，为什么你的第一句话是‘真倒霉’，而不是‘别担心，别着急，接下来如何处理，你住在哪里，机票如何改签’呢？”

接下来，我开启了教练模式。

首先，我没有感受到来自你的关心和温暖；

其次，“倒霉”？为什么不是正向积极的态度？你一直想提高情商，如果没有心、不用心，只有负面的思维方式，那么高情商从何而来？

在工作中，某员工执行上级的命令时，对重要客户和自己喜欢的同事就表现出积极的态度，语气非常柔和，但是对其他人态度就很冷漠，这让大家觉得很不舒服，很多人产生抗拒心理。这样的例子很多，直接上级或许有感知，或许无感知，总之，这样的人综合分数不会很高。真正情商高的人，是不会让人出现抗拒心理的。对人的态度有选择性的不同，其标准是利益、喜欢、看法，不是情商高的体现。

在现实生活中，所谓情商低，就是让人感觉不舒服、思考问题不全面、处理事情不圆满。明知自己说的话、做的事最终会损害自己的利益与形象，却还是不断地说这些话、做这些事。

情商出了问题，要么就是自身的爱与温暖不富足，要么就是格局不够。

产生情绪，一定是没有达到自己预想的结果，实现自我的“利益”。

放下情绪，首先要放下自己的标准。

情商高的人，会“用心”，就是会做人，能让人快乐、舒服、愉悦，让人爽。更重要的是，情商高的人大方、温暖，给人以安全感。

情商高的人有责任心，为人处世成熟稳重，让人产生亲近感。

有些人的情商只对客户和对自己有用的人展示，那是功利心，不是真正的情商高。真正的情商高是对身边的人非常好，让身边的人喜欢、爱慕，离不开你，这才是高情商。从这个角度来说，林黛玉比薛宝钗情商高，因为薛宝钗无法拥有亲密关系，只能有普通的人际关系。

美国两性专家约翰·格雷说，他每次回家都要以最快乐的心态见老婆，还没到家就喊“老婆我回来了”，进了门，噔噔跑上去，给老婆拥抱、赞美、鲜花、小礼物，与她交流，让老婆感到被爱、被呵护、被重视。如果他在写作，老婆让他去买菜，他一定会去。因为他不去，老婆就会觉得自己不被重视；他去了，老婆快乐，他也快乐。

科学研究表明，女人只在食不果腹、衣不蔽体的时候，才特别渴望钱。到真的拥有很多钱的时候，钱带来的快乐就停止了，成了数字游戏。这时，钱对于她来说，成了多一个零少一个零的数字，快乐只关乎那个人对她的态度。换句话说，那时候她要的是男人的爱。

也许有人不同意，但我可以负责任地告诉你：科学研究表明，一朵花给女人带来的快乐和9999朵玫瑰带来的快乐其实差不多，女人的荷尔蒙上升的程度几乎一样。所以情商高的男人不会一次给女人送那么多花，而是分时间、地点，一朵一朵地送。

几乎所有人对情商都有一个错误的理解——说真话的人，是情商低、吃不开的人；情商高的人，不说真话。

之所以有这种误区，是因为很多人对真话有一个错误的认识，忠言逆耳，大家都认为假话是好听的。所以，不说真话成了很多人的生存之道，更成了衡量情商的标准之一。

其实一个人的情商是高还是低，和是不是说真话，根本没有必然的联系。

所谓的高情商，并不是不说真话，而是如何把真话说得得体，说得让别人愿意接受。我始终认为说话虚伪、圆滑并不是一个人情商高的表现，相反，这是另一种情商低。

我有个亲戚非常会说话，无论你是谁，她都能把你夸得天上有、地上无，但她实际上没有什么朋友。每次刚认识她的人，总会迅速和她成为朋友，觉得和她在一起感觉非常好，但是和她的交往基本上不会超过一年。原因无他，因为时间长了，大家都觉得她缺乏真诚，无法交心。所以，这种所谓的“高情商”只适用于初识的人，却不适合长久的交往。希望交到真正的知己，你还是得说真话。

不用担心说真话就会得罪人，情商高的人说真话，并不会得罪人。别人生气，并不是因为你说了真话，而是你说真话时，不分场合、对象、关系深浅，张口就来，完全不顾别人能不能接受。

若你在说真话时顾及对方的面子和感受，真心实意地给对方提出建议，对方不但不会怪你，还会因为感受到你的真诚而将你引为知己。

当然，如果你做了这一切，还是会有人因此而怪罪你，那么也不用郁闷，不知好歹的人没有成为你的朋友，你应该感到高兴。

真正情商高的人，他们懂得把握关系的深浅，绝不会做交浅言深的事。他们懂得把握分寸，知道哪些话适合在哪些场合里说。他们懂得说话的艺术，不会一上来就是批评指责，而是尽量以委婉善意的方式表达自己的意见，而不是让自己变成一个虚伪圆滑、说话浮夸之人。

高情商的人善于赞美别人，这种赞美是发自内心的。能看到别人的优点的人，才会进步得更快；总在挑剔别人的缺点的人，故步自封，反而会退步。

我认识一对来自台湾地区的夫妇，每次聚会，他们都是我们学习的榜样，因为他们总是在夸赞对方。夫妻之间的认同，也带动别人的认同，这是一种无形的力量。

我们的价值感，很大程度上来自我们身边的人，特别是亲近的人的肯定与欣赏。当我们受到别人肯定、鼓励、认可的时候，我们觉得自己是有用的、可爱的，于是更有动力成为更好的自己。

这一点对男人来说尤其重要，因为男人更在意别人的欣赏、肯定和感谢。有了这种回馈，他觉得自己做再多的事也是值得的。

当他感到这个世界上有人如此欣赏他、感激他，他会对自己充满信心，也会对这个欣赏他的人，爱意更浓。

情商高的人，懂得人情世故，懂得如何看待事情、安排事情、处理事情、解决事情。与人相处，首先要懂“人”，懂“事”，懂“任性”，才会将事情处理得圆满。这是处理事情的基础。人情世故是人际关系建设的重要内容。

商务礼仪是人情世故的基础，在情感关系中同样重要。

有一对夫妻，丈夫在外打拼，他属于业务型的优秀人才，带领团队奋斗。这对夫妻有两个孩子，房子、车子都有，生活富足。丈夫乐于助人，亲戚朋友生活困难或是出现其他问题，他都会尽力援助，因此得到亲戚朋友的赞赏。他遇到困难，亲戚朋友也会及时伸出援手。

他的妻子在家照看孩子，是传统的勤俭持家的好妻子，除了亲戚之间的正常走动，鲜有人际往来。但是他们经常为事情争吵。

一天，丈夫招待朋友，妻子又喋喋不休，说朋友来家里把家里搞乱了。于是丈夫烦躁起来，两人开始争吵。

我们看到妻子站在主妇立场，没有错，把注意力落在家庭本身，也无过错。但她忽略了一点，丈夫擅长交际，热衷于帮助别人，并因此获得了良好的人际关系。她忽略了人的情感关系是需要互动的，是需要给予和付出的，这是人之常情。

同时令丈夫恼火的应该不仅是这件事，他恼火的是妻子对人情世故的不理解。

还有一对夫妻，有一次，他们一起出门去见一个朋友。妻子从车里取出一件礼物送给这个朋友，对方非常高兴。过了两个月，这个朋友说，那次她送给我的礼物，看得出是她精心准备的，可见她为人处世的用心。

这位妻子在车上准备一些礼物，以便随时送人，这种用心让她得到了很多朋友的认可。

在我们的生活和工作中，究竟是我们的情商出现了问题，还是我们对人情世故少了一些理解呢？

情商高的人能包容所有人、一切事，遇到事情不执着，这是智慧的最高境界。

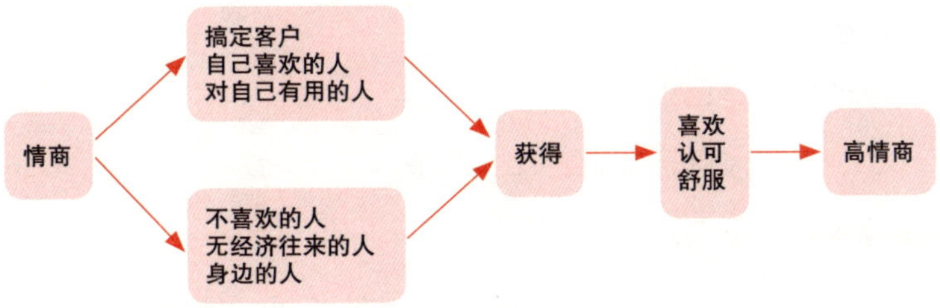

高情商

问题智慧

1. 为什么情商高的人有爱的能力？
2. 为什么情商高的人总能把复杂的问题处理好？
3. 情商高是因为方法还是心智？

情绪是否需要控制

关于情绪这个话题，经常会有人讨论，究竟如何控制情绪？

在谈如何“控制”情绪之前，我想先和大家一起看看下面的问题：

为何会抱怨和指责？

为什么会火冒三丈，产生情绪？

老公回到家没有把鞋子放到鞋柜里，老婆开始唠叨。

老婆的生日，老公忘记了，没有准备生日礼物，老婆生气了。

老公不再爱你了，你开始抱怨。

在职场，某员工被公司认为不合格，予以辞退，员工有了情绪，想找劳动仲裁。

我们看到，任何生气、抱怨、指责，都是因为没有达到自己的标准、要求、愿望、期望值，没有得到认可、鼓励等。

总结：我们的情绪产生，源于现实没有达到自己的期望值。

产生这种情绪，是因为我们必须确定是“利己”的，对吗？因为没有得到，所以责怪对方，对吗？

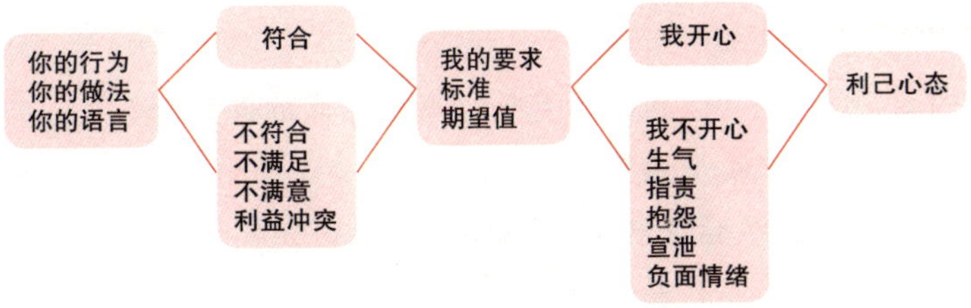

情绪源于利己心态

是的，这一点我们是确认的。那么我们为何无法控制情绪，必须以“情绪”“抱怨”“争吵”甚至严重到“打架”“打官司”的形式来呈现呢？

不符合我们的标准时，我们会采取两种做法：

第一种：接受。既然已经发生了，那就接受现状，忽略不足，单纯地面对问题沟通和解决。

第二种：不接受。先吵架，先抱怨。

那么，日常生活中，你选择哪种情况居多？结果如何？

我们再来看看产生情绪时的语言、行为有哪些？

一对夫妻吵架。

老婆说：“我根本不爱你，你愿意去哪里随便，离婚吧。”

老公说：“离婚就离婚，谁不去离，谁就是……”

可见，出现类似情绪的时候，恶言恶语、心口不一的语言全都出来了。

我问她："你真的不爱吗？离婚你真的同意吗？"
她说："我是说气话。"
我说："气话说出来，是解决问题，还是扩大问题？"
她说："没有解决问题。"
我说："那么你为何还说呢？"
她说："我就是生气，没控制住。"
我说："是没控制住，还是脑子里根本就没这根弦？"

可见，当实际遇到问题时，我们的第一反应不是思考如何去面对问题和解决问题，而是发泄自己的情绪，这是没有思想、没有智慧的表现，是幼稚的、不成熟的。这和张飞有什么区别呢？

情绪失控是和谐人际关系的杀手，肆意挥霍情绪简直是在"挥霍"自己的才华。善于把控情绪的人都知道，与其将激情挥洒在外，不如省点力气，想想如何让自己变得更好。当然，能把情绪控制自如，不是一朝一夕就能做到的，需要不断提升自己的修养和内涵，比如读书、游历，都是不错的选择。

当一个人的修养达到一定高度的时候，自然就能驾驭自己的情绪。就如《菜根谭·概论》里那句"宠辱不惊，闲看庭前花开花落；去留无意，漫随天外云卷云舒"，代表的是一种心态，也是每个人都应该努力达到的人生境界。

很多时候，我们无法改变天气，但我们可以改变心情，心情改变了，就能收获宁静和淡定，这样你就能变得积极起来。

生活给予每个人的考验都是公平的，关键看我们以怎样的心境去面对。一个成熟的人不是没有烦恼，不怕挫折，而是他拥有坦然的心境和战胜一切的决心。无论身处顺境还是逆境，他都懂得如何调节自己的心情。

一位咨询者说："我老婆每次和我吵架都会在大街上大吵大闹，人越多，她的声音就越大，根本控制不住情绪。我特别恼火，觉得很没面子。"

一天，夫妻俩通电话，女人气愤地说："如果你不回到我的身边，我们就离婚吧。"后来两人相互拉黑屏蔽。

我问她："你后悔吗？"

她说："后悔。"

我问："你为何这样说？"

她说："我只是气话，着急，当时脑子里就是这样想的，不回来就算了，但是说完就后悔了，其实心里想着他回来的。"

控制情绪的关键是放下心中的不满，放下个人的利益。

不良情绪的出现，意味着让自己不满意的事情发生了，与自己的预期不一致。换句话说，就是"损害了我的利益"。拿什么来刹车呢？我们究竟是控制情绪，还是解决情绪？

举个例子：你家被盗了，你是生气，大骂小偷，还是报警寻找丢失的物品？

你和爱人发生不一致，你是先生气、抱怨，讲述你的标准，还是解决问题?

放下情绪，等于先放下不满意，放下自我的利益。

发现老公出轨，是先生气、打架、抱怨，还是先解决问题的根源?

我经常说：情绪失控的人也是做事情不动脑的人。经常火冒三丈，从某种意义上说，是一个人心智不够成熟的表现。

在上面的案例中，老婆明明是爱老公的，明明是期待他回来的，为何会说出言不由衷的话呢?因为她担心失去他，使用威胁的方式，要求对方“如果你不回来，就离婚吧”。这是典型的利我的角度，担心失去，没有安全感、不自信的体现，采取“威胁”的方式。

情绪一旦失控，因为不冷静、不淡定而发出没有经过大脑思考的行为和语言，本身就是不成熟的表现。抱怨作为一种宣泄情绪的方式是可以的，但是如果变成生活和工作的常态，就变成了负能量。人一旦有了这种负能量，就无法表现得“阳光”。

学会妥协是控制情绪的重要一课。你得试着理解自己伴侣的一些重要原则。比如夫妻俩，一个人爱干净，一个人比较邋遢，那么邋遢的那个最好开始学习如何收拾房间。并不是说他突然也变得爱干净了，而是他发现和争吵相比，每天把衣服放在洗衣篮或洗干净堆在池子里的脏盘子，后者更为简单。

一个人，如果连自己的情绪都控制不了，即便给他整个世界，他也早晚会毁掉一切。

问题智慧

1.为什么会言不由衷、心口不一?

2.为什么说话生硬、不堪入耳?

3.为何会抱怨指责?

4.是什么使你产生了不良情绪?

5.情绪为何会失控?

6.情绪对情感关系带来的后果是什么?

明明去沟通，却还是惹了祸

无论是在现实生活中还是情感世界里，沟通，无非就是为了达到你想要的结果。可是最后为何会激化矛盾，成了一场无休止的辩论赛？

为什么沟通会失败？是意思没有表达清楚，还是站在自己的角度去沟通的？

一天，丹丹的老公回来得很晚，她一直在等着他，很着急。

所以她很生气地对他说：“你怎么这么晚回来？”

她老公感受到丹丹的怒气。

后来丹丹找到我，我问她：“你想表达的是怀疑、生气，还是真心为他着想，暗示他早点回来陪你？”

丹丹说：“前者，我心里就是怀疑他，所以带着情绪说出来了。”

当你是真的关心对方，那么你的语言表现出来也是关心。

你会发现，初心不同，表达就不同。亲爱的，你的表达走样了吗？

曾经有一对恋人跟我说：我们在一起的日子，很多时候是在吵架，最严重的一次，是晚上开车到高速公路上，坐在车里“讲道理”。不过，我们每次吵架都是君子动口不动手。而且每次吵架后我们的关系更加紧密，有一次我们竟然“理论”了五个小时，回忆起来觉得好有意思。我们从未因一些生活小事争辩，就事论事，辩论的唯一目的，是让对方变得更好。我们的关系是纠缠而持续稳固的，最后发现彼此都受到了滋养。为对方着想的同时，我们成长了。为什么每次争辩反而让关系更好了，而不是将矛盾激化了？因为我们从来都是 100% 为对方着想。

多少人在沟通过程中，美其名曰是沟通，实际上是带着个人利益、标准、目的去沟通的，而不是站在为了对方好的角度，最后让沟通变成了“辩论赛”。站在自己角度的沟通，大多是在说服对方，要么赢了，要么输了。站在对方角度的沟通，即使当时那一刻会争吵，但是情感关系会更好。

吃完晚饭，女人总喜欢全家人一起出去转转，可是男人喜欢在家里看电视休息。两人因为这件事闹过好几次别扭，再这样下去恐怕一场战争无可避免……

【惯用博弈版】

女人：走吗？陪孩子下去玩会儿？

男人：又出去？一会儿都不闲着，吃完饭在家里待会儿不行啊？！

女人：你怎么那么懒呢？

男人：这叫懒？这叫会生活！

女人：瞧你那身臭肉！

男人：我乐意！我就不明白，一天天地都在外面疯，买这么大房子有什么用？

女人：谁在外面疯了！我哪天不是圈在家里，让你陪我下一次楼这就叫疯啊！

男人：反正我不去，要去你自己去！

女人：行！你就赖家里吧！懒得一身肥肉长蘑菇！儿子！走！

咣！女人带着孩子摔门而出！

很显然，两人的沟通是在观点、想法层面。两人都想用自己的观点去碾压对方，于是女人指责男人懒，男人评判女人疯。这种观点层面的沟通常常像一场辩论，正方、反方各说各的理，但谁也说服不了谁。结果往往是两人各自生了一肚子闷气，感觉对方不理解自己，不接纳自己。长此以往，两人都会感到情感的逐渐疏离，于是沟通层面也就会向更远的，也就是事实层面发展。

【努力经营版】

女人：走吗？陪孩子下去玩会儿？

男人：……（沉默）

女人：干吗？去不去，你说话呀！

男人：我在想事情。

女人：去就去，不去就不去，这有什么好想的？

男人：我在想为什么我吃完饭想歇会儿，而你吃完饭想出去？

女人：想到了吗？

男人：没有，不过我觉得因为这点小事儿闹别扭不值得。

女人：是啊，多大的事儿啊，怎么出去转转就那么费劲呢！遛遛多好啊。

男人：呵呵，你觉得奇怪啊？其实我也觉得奇怪。我不明白，一天忙忙叨叨的，要说你比我还累，到了家你还得做饭，好容易没事儿了，就这点儿时间可以歇会儿，怎么就非要出去呢？出去感觉哪儿好？你跟我好好说说行吗？

女人：你也说了，一天忙忙叨叨的，就这一会儿咱们全家在一块儿。这时间多宝贵啊，带着孩子全家人一起出去转转，这感觉不好吗？

男人：你的意思是，你很享受咱们全家在一起的感觉？

女人：是啊！我就是这个意思！

男人：那在家里不也是全家人在一起吗？吃完了饭，全家人一起看会儿电视，聊聊天，不也一样吗？

女人：……（男人的问题，让女人陷入了沉思，是啊，在家也是一家人在一起，出去也是一家人在一起，怎么感觉就不一样了呢？）

女人：可能是因为小时候吧。小时候我爸妈都忙，一家人在一起的时间就是偶尔吃完饭他们带我出去转转。那时候我感觉特别幸福，所以，我觉得吃完饭一家人去外面遛遛感觉特别好，觉得这是一个完整的家，感觉特别温暖。

说着说着，女人的眼眶湿润了。这一刻男人也卸掉了所有的防备，看到了对方的心。他看到一个单纯的小女孩儿，女孩儿一天之中美好的一刻就在这个瞬间——她左手牵着爸爸，右手拉着妈妈，感觉他们的目光落在自己的身上。她很幸福，很享受，很珍惜这个时刻。

男人不自觉地，把手臂搭在了女人的肩膀上。这时他们的心靠在了一起，他们之间的亲密感流动了起来。

情感关系中建设和经营的结果是尴尬还是开心，是天堂还是地狱，沟通结果的呈现在于你的态度，沟通关键就看你们的沟通在第几层级。

问题智慧

1. 遇到问题你是在沟通还是在表达情绪?
2. 你的沟通为什么没用?
3. 沟通是想解决问题，为何却激化了矛盾?
4. 沟通能力是你的硬伤吗?

“理解他人”挂嘴边，为何做不到

在现实生活中，我们经常会提醒别人：要理解别人，换位思考。很多时候，我们关注自己的想法，关注自己的感受，希望别人理解我们。换句话说，我们希望获得别人的认同，希望对方理解我们的不足、不够好，希望对方给我们一份包容。

明明知道要理解别人，为什么做不到呢？我们非常清楚自己的老公工作很辛苦或压力大，但还是不能理解他。有时候对方讲错话了，或者礼数不到，抑或态度不够好，我们就会纠结、抱怨甚至发生争执。不理解等于不放过、不接受、不能换位思考，这是引发矛盾的导火索。

一次，我和我先生以及他的一个朋友一起出游。一路上，这位朋友表现出来的负能量相当多，让我非常不舒服，但是因为他是我先生的朋友，无论如何都要给他面子，于是我放下了自己的不满情绪。返程路上我终于还是爆发了，感觉受了委屈。到家后，先生对我说，你还是高级知识分子呢，怎么跟他计较？我瞬间醒悟，是啊，我比对方的知识水平高啊，怎么有这样的情绪和看法？我顿时无语。

先生没有和我讲道理，没有论对错，我们之间没有发生任何争吵。此时此刻，我内心深处满是愧疚，对自己的不满，为什么没有管理好自己的情绪；对先生感到愧疚，我给他带来了不便。

是的，先生给予我的包容，让我得到的是愧疚和反省。我想，如果先生到家后对我进行指责、批评、抱怨，我一定会立刻和他展开辩论。后果可想而知。

对方的不足，是水平问题，是现状。如果用分数来衡量，对方的能力是 50 分，你却用 80 分的标准来评判他/她，那么你不理解的是什么？不能接受的是什么？是不是应该调整自己的标准呢？他/她的能力只有 50 分，你用 50 分的标准去看待他/她就行了。

我们为何做不到理解别人、站在对方的角度思考呢？要么是我们过于在意自己的感受，要么就是我们用我们自己的标准去评判别人。

理解别人，是需要有胸怀、格局和包容心的，因为对方就是那个样子，你要接受，接受他/她本来的样子。

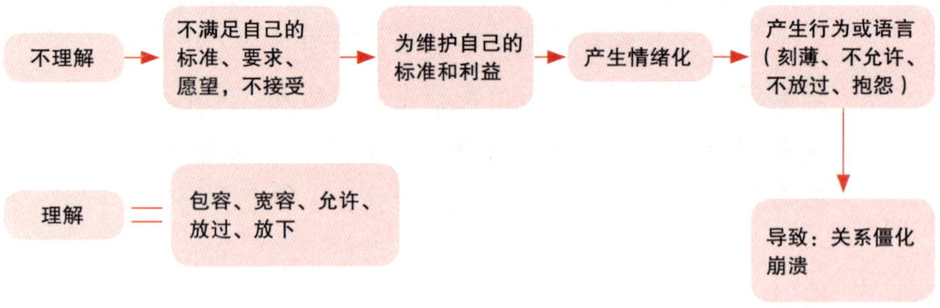

理解需要包容和接受

产生不原谅、不包容的心态，是因为你不能放过自己，自己与自己纠结，表面上是宽容，实际上是不宽容。一旦对方达不到自己的标准，就会情绪化，甚至出现过激行为，不能容忍，不能放过。一旦产生这些情绪，就导致情感关系僵化、崩溃。

没有理解的爱，不是真爱。

我们不理解的人，我们是不可能爱他/她的。

如果还不理解一个人，却爱上了他/她，那这一定不是真正的爱。

我们要明白并理解自己所爱之人的需要、渴望及痛苦。而要想真正理解和爱一个人，就应把自己放到对方的立场，与对方成为一体。

问题智慧

1. 我们为什么需要别人的理解？
2. 挂嘴边的“理解他人”，为何做不到？要求、指责，后果是什么？
3. 情感关系中，你是否能做到包容？

谁愿意和一个无趣的人在一起

什么样的人是一个有趣的人？

你是一个有趣的人吗？

什么让你缺失了你的趣味？

怎么才能成为一个有趣的人？

你身边哪些人是有趣的人呢？

有趣的人总能让人快乐，让人开心。有趣的人是绽放的，态度自如，不紧张；有趣的人是通透的，对万物有感觉。

大家是否知道，经过调查，四大名著里最让人喜欢的人物，居然是《西游记》里的猪八戒、《红楼梦》里的刘姥姥、《三国演义》里的张飞、《水浒传》里的鲁智深。

有趣的是，从《西游记》里一身毛病的猪八戒到《水浒传》里膀大腰圆的莽汉鲁智深，都不是作者笔下浓墨重彩的绝对主角，却分分钟抢走了书中男女主角的风头。人们一边骂着这些个关键时刻掉链子的“糙人”，一边纵容他们闯祸，包容他们品行里的瑕疵，牵挂、怜惜他们的命运。匪夷所思的是他们既没有超高的颜值，也没有过人的本领，却能活在观众的心中。

其实他们有一个共同的特点：都是有趣的人。

很多小朋友都爱看《熊出没》，我女儿独独喜欢那个憨态可掬的熊二。按理说，熊二既没有熊大的担当和智慧，也没有光头强的狡猾和贪婪。他笨拙的话语、无节制的善良，还有纯真的梦想、简单的快乐，和一片树叶都能玩得忘记了忧伤的熊样，都是让人疼爱的理由。

用我女儿的话说：“熊二，最有意思！”

记得有一次出差，经过成都机场到郫县的收费站，我们的财务总监说：哇，你看，收费窗口在车子右侧，他们用一个钓鱼的小网筛一样的小兜，让人把过路费放在那里。

我哈哈笑起来。

后来财务总监说：看你笑得这么开心，下次遇到有意思的事情，我还会讲给你听，因为你有兴趣点。很多人对平常事物没有感觉，你给了我鼓励。

我说：是的，我的兴趣点很容易被点燃。

这件事情让我思考。兴趣从哪里来？我们内心对事物充满好奇，便是一种生活情趣。

一个人的魅力，不一定是帅到爆棚的颜值、超高的能力、大悲大悯的情怀、菩萨般的心肠，而是有趣。

和这个人在一起，特别快乐、放松，分开之后又特别想念，这才是一个人的顶级魅力。

你有没有发现，有些人，一开始接触时，你觉得他特别难看，相处几日后觉得这个人特别耐看。这里面的变化，就是因为他是个有趣的人。

人群中总有那么几个人，一无背景，二无能力，三无颜值，却总是能抢了风头，而且特别招人。有他的地方，就特别热闹；有他的时候，就不觉得尴尬；有他的时候，就觉得阳光特别明媚。这就是“有趣”的魅力。

一个人活得有趣，其实就是这个人活得通透。有趣的人不一定能成就多大的事业，但他能成就快乐的、有质感的生活，他其实是真正的强者。一朵花开就能灿烂，一阵风来也会憧憬，生活有喜感，幸福指数才会越高。

有趣，不是贫嘴、恶俗，也不是滑稽、出丑，是一种内在的智慧，对生活有豁达的理解，淡定从容。有趣，是如沐春风的明艳，是素心包容的豁达，是山清水秀的情怀，是清澈如镜的明事理。

有趣的人一定是个幽默的人。他有能力把死气沉沉的生活，修饰成活色生香的灿烂。一段悲伤，一次风雨，都可抖成“包袱”，化腐朽为神奇。一杯烈酒可饮风霜，也可温喉怀想。同样是大雪封路，既可想成老天留人，把酒言欢，也可想成命运不公，断我行程。

有趣本身就一种吸引力。

我的一个助理就是位很趣的人。每次听她讲到她和她老公的相处模式，比如在家里的时候，两个人经常嬉戏搞怪，还经常用微信发红包，我都能从她身上看到，女人在情感关系中，需要随性，需要有孩子一样的童心，甚至还要“犯傻”，才不会累，才不会走进成人的思维框架中。

一个朋友说：艳桦老师，我是非常传统的一个人，很难接受新事物，思维困在一个框框里。

我说：你不是传统，而是没意思，什么事情如果都较真，存在标准，就连日常生活都要经过缜密思考，这样的理性，累不累？别人和你一起生活多没意思。

有趣不是学来的，而是需要绽放自己。

如果你的情感生活乏味，那么先看看自己究竟少了什么？

问题智慧

怎样才能成为一个有意思的人？

适度是情感交往的一种境界

任何事情皆有边界线原理。凡事有度，过犹不及。人生有尺，做人有度。

> 花为什么谢了呢？我热切地爱它，把它紧压在我的心上，因此花谢了。
>
> 琴弦为什么断了呢？我强弹一个它力不能胜的音节，因此琴弦断了。
>
> ——泰戈尔

花虽美却会枯萎，古琴铿锵但会断弦，过犹不及，凡事皆须适度。把握好人生之度，才能把握住人生的精彩；把握好欲望之度，才能留住青山绿水。

林则徐把“制怒”二字挂在堂前，把适度放在心间，警诫自己不要激烈地宣泄情感，不加控制，从饮食到修身养性，都需要适可而止的智慧。谨慎过度就是胆怯，认真过度就是刻薄，执着过度就是顽固，实在是因为过犹不及，物极必反啊。

懂得凡事有度，是一种人生智慧，更是一种放下欲望后安然平和的气度和心胸。

人，太受宠则容易被宠坏，太理性容易苍老，太感性容易懦弱，太中和容易平淡，太仁慈容易被欺，话太多容易浮夸，爱犹豫容易失机，太热情容易失态，太活泼容易轻浮，太谨慎容易拘泥。

因此，在“度”的范围之内是阳光灿烂、风光无限，超过这个范围，走过“度”的极端，就可能乌云密布，事物的性质就会发生变化。犹如真理过了，就成了谬误；真诚过了，就成了虚伪；聪明过了，就成了狡猾；认真过了，就成了刻板。

做人要适度，胸怀要大度，说话要适度。工作有力度，事业有高度，寿命有长度，读书有厚度，理论有深度，视野有宽度，办事有速度，劳累勿过度。

勇敢是好的，过度了就成了鲁莽；无私是好的，过度了就成了无知；宽容是好的，过度了就成了纵容；想飞是好的，好高骛远就过度了；疾恶如仇是好的，固执偏见就过度了；顺其自然是好的，有所强求就过度了；积极是好的，极端积极，就成了霸道；自信是好的，极端自信就成了自傲；自省是好的，过度自省就会变成自卑；登高望远是好的，脚下飘忽不定就危险了。

过度的奢望，会产生过度的失望。过度，其实是一种烦恼。

知足，才能避免欲望过度膨胀，才能避免自己误入歧途、越陷越深，才能避免因为贪婪犯下不可饶恕的错误。切不可利欲熏心，以免利令智昏而物极必反。

交往要适度，不是两面讨好、左右逢源、八面玲珑，而是容得人、团结人，切勿小心眼、嫉妒别人。量小非君子，无度不丈夫。人的气度在于心胸，行为的限度在于观念，观察的角度在于站立的位置，思想的高度在于修养，而修养的程度在于对自我的认识。保持交友的弹性，是注意交往的分寸，掌握尺度，注意火候，太亲会失去魅力，太淡易疏远感情。

情绪要适度，既要看清远方的目标，又要注意脚下的路。无论悲喜、愤怒、紧张、追求、地位、权势、荣誉、美色、金钱、说话、玩笑、幽默、谦虚、勤奋等都要有度，防止操之过急或不思进取。自以为是容易霸道，果断容易铸成大错，沉默容易碌碌无为，太殷勤容易变成卑下，玩笑容易引起嫉恨，太幽默容易油腔滑调。

在情感关系里，关系再好，也要保持距离。

曾经在一个电视采访节目中看到演员徐帆说，太太做着做着就变成了妈。而妈呢？做着做着就变成了上帝。无论做妈还是做上帝，都是试图以爱的名义包办。这种包办，在承包方看来，是全情付出，对方理应感激涕零、没齿难忘；对于承受方来说，却往往意味着悲剧的开始。

人，生而自由，太深太多的爱，则是一剂剥夺人类这一基本权利的慢性毒药。强权，一旦以爱的名义，就变得合理与难以反抗。倘若不是自虐狂人，恐怕谁都不愿意背负这样的枷锁。这就是为什么那些深爱泛滥的妈咪型女人往往会遭遇背叛，而那些“管好自己，天下太平”的自私女人往往被男人当成手中宝的原因。

相思能成灾，深爱能成害，所以世间有了“过犹不及”这个词。但凡将深爱发展成深害的人，皆自以为无私。殊不知，自私有时候也是一种美德，至少它能够帮助我们在面对他人的“瓦上霜”时，保持难能可贵的自制与清醒，不让过度的关怀成为干涉。

深爱的天平上，往往一边是无私的奉献、悉心的关怀，另一边就是无条件的掌控、超出常理的干涉。

我们歌颂爱的伟大，却往往忽略了它的索取。一个为子女付出全部青春，做出了偌大牺牲的母亲，大多会要求子女有出息、为她长脸；一个为丈夫牺牲了个人生活的妇人，男人的自由与快乐，便可能是对她含辛茹苦的漠视与挑战，她可能要男人感恩，要男人觉得欠她的，要男人用一辈子的低姿态来偿还。

所谓的“你快乐，所以我快乐”是情书中的对白，现实版本往往是“我不快乐，你也不能快乐”。

以爱之名义进行的各项“摧残”活动，害处之大，在于它站在了道德制高点，让接受爱的那一方无法抗拒。

很害怕“无私”这个词，人若无私，何以为人？那无私的面孔下面，一定藏着为时漫长的索取。愈是深厚的爱，愈容易染上无私的尘，所以也愈是需要保持一点清醒和克制。无论你爱谁，爱到六七分就好，留二三分的爱给自己，意味着你也留了二三分的宽容给对方。

问题智慧

1. 情感交往中“度”是需要把控的吗？
2. 无法把控尺度的根本原因是什么？

第四章

用对你的方式

第五章

情感经营的智慧

别让心口不一的方式破坏爱

不要让你的说话方式毁了你的优势。

情感关系里，最怕的是不沟通、不说话，但更可怕的是沟通时，所讲的内容根本不是自己内心真实的想法，而是与真实的想法相反。日常生活中多少矛盾，是因为我们心口不一造成的？

原本心中是喜欢的，你却说“我讨厌你”？

原本是心疼的，你却说“活该”？

原本心中是爱的，为何结果却成了伤害？

原本初心是好的，为何令人讨厌？

哪里出了问题？语言？态度？还是方式？当你事后问及他/她当时为何那样说话时，对方会告诉你：“因为当时我很生气，说的是气话。”这样的画面，工作和生活中很常见吧？

一天，妻子和丈夫吵架了，妻子说：“我真的讨厌你，一眼都不想看到你，不想听到你的呼吸，我真的不想和你生活了，我们离婚吧！”

我问这位妻子：“你真的想离婚吗？”

她回答：“我心里从来都没有想过离婚，就是生气，不想看见他，嘴上说说。”

我问：“那您老公听了什么感受呢？”

她说：“心里肯定难受呗，毕竟我的话伤害了他。”

我问：“那么，你觉得，这样的后果是什么呢？”

她说：“后果是对我们的感情是有损害的。”

一位企业家，在与财务总监沟通工作的过程中，因为意见不一致，情绪激动了，他非常气愤地对财务总监说：“你别干了！”

两个人在电话里激烈争吵后，彼此挂断电话。

挂断电话不到一分钟，这位企业家就问旁边的助理：“我是不是有些过分了？”

这位财务总监马上向人事部门提出了休假申请，说家中有事情需要处理，很久之后才能回来。大家都非常清楚，这只是一个借口。

后来，这位企业家又好言好语地和这位财务总监沟通，说了很多好话才将这位财务总监劝回来上班。

从上面的案例中，我们可以清晰地看到，大家情绪失控时，说了心口不一的话，结果是：一方需要妥协，另一方浪费了工作时间，还产生了路费成本。

生活中很多类似的案例，但是最后都是损失、伤害、双输。

当你的方式令对方不舒服；当你的方式让对方抗拒；当你的方式让对方不喜欢；当你的方式是在破坏爱……你有没有想过，这是你期望的爱的方式、给予的方式吗？

不仅仅是女人心口不一，女人的心难猜，男人也有大男子主义，遇到问题时，偏偏不好好说话，最后引发误会、矛盾。

所以，你爱的方式是在建设，还是在破坏呢？

幸福从来没有捷径，只有用心经营才能收获爱情的果实。在爱情中，有效的沟通是维系爱情的重要纽带。

问题智慧

1. 你表达的方式，在情感关系中是在建设，还是破坏？
2. 在情感世界里，是什么原因促使你用心口不一的方式伤害对方？

爱是释放不是控制

当我们非常喜欢一件物品或一个人的时候，内心极度想独自拥有。这是人们内心世界非常普遍的一种心理活动。期望对方在我们的视线范围内，在我们的掌控范围内，甚至希望对方更多地方符合我们的标准，与我们的期望一致。对方的一切行踪，我们都想要了如指掌。

想拥有不是错，想了解也没有问题，那么我们有必要看看，“想拥有”和“控制”之间的关系：

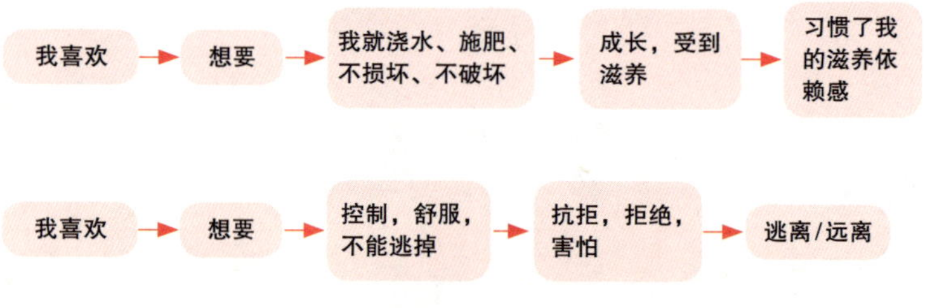

两种方式的爱

在这幅图里，我们看到：爱的世界里，你可以拥有，但是一定要用对你的方式。你可以选择滋养的方式，让对方依赖你；同样，你也可以选择控制的方式，但对方一定不会亲近你。

用控制的方式是否可以赢得爱、换回爱？

日常生活中，我们很多人非常清楚“控制”并不是好的方式，但是我们会不经意地就运用了控制的心理、控制的想法、控制的工具、控制的办法。

泰戈尔说：爱不是占有，也不被占有，爱只在爱中满足。

曾听到一个故事。

一个孩子有一次捉住了一只美丽的小鸟，开心不已。当他兴高采烈地拿给妈妈看时，妈妈却问道："宝贝，你真的很喜欢它吗？"

孩子说："当然啊，我好不容易才抓到呢。"

妈妈说："那就放了它。"

"为什么？"孩子奇怪地问。

妈妈说："因为它不喜欢笼子，更喜欢自由。"

听到这里，我不禁为母亲的爱心与智慧所感动。喜欢它，就应该给它自由，让它回到属于它的世界里，而不是据为己有。

记得三年前，一群企业家朋友聚会。就在大家刚刚见面的时候，一位女士对一个男企业家说："嗨，李总，您家的警察呢？今天没跟着？"

嗯？我很纳闷，什么警察？过了一会儿，我忍不住小声问了一句："什么警察啊？"

"他老婆啊，每次李总出来，他老婆24小时跟着，这次没跟着，我觉得挺奇怪。"她笑着说。

是的，很多家庭都有类似的跟踪、监控，比如手机控、行程控、心理控。

因为爱，我们想尽了办法占有；因为爱，我们忘记了尊重；因为爱，我们失去了自由。

但是我们搞错了，爱不是占有，而是释放、付出，让彼此成为更好的人。

通过控制的方式获得期望的结果，我们自己又是怎样的人呢？

婚姻需要的不是侦探，而是睁一只眼、闭一只眼的“粗心”。任何感情都有些不能细看的真相，白头偕老也不过是遵循互利原则。所谓情深不寿，有时候眼不明、耳不聪、记性差，两个人的感情反而天长地久了。

问题智慧

1.你不自信吗？担心失去吗？

2.你正在用着占有的心态爱着对方吗？

3.你给予对方的爱，能释放对方的能量吗？

有一种爱叫“无声的沉默”

现实生活中，多少人明明心里是有对方的，就是不直接表达出来，宁愿保持沉默，最后导致对方误解，甚至产生矛盾。如果改变一下方式，事情将是怎样的结局呢？

有多少人、多少份感情，并不是败给了距离，也不是输给了时间，而是跌倒在“沉默”上。

男人在吵架时喜欢沉默，男人不愿意争辩。当你问他“爱不爱”时，他们依然沉默。

女人问：“亲爱的，我们的感情还能继续吗？”

男人回答：“去做你的事情吧。”

女人继续问着同样的话。男人沉默。女人终于爆发了。

或许男人心中认为这个问题没有必要回答，也许是Yes，但是当他沉默时，就产生了矛盾。

杨莹和老公是大家眼中典型的好夫妻，经营的企业发展得非常好，他们有一个帅气的儿子，一个多才多艺的女儿。

但是杨莹总是因为一个问题纠结，感到很痛苦。

她说：“我老公在外人眼里是90分好男人，无论是在人品上，还是事业上，我自己评价他也是

90分好男人，但是他回家后不和我交流，从来不爱说话。我问他，他也不说。但是他在微信朋友圈里天天晒我们的家庭照片。我就说，‘你晒照片，为何到家里不说话呢？’我非常生气。我觉得他在演戏。”

我问杨莹：“假如，相反，如果你老公在家里和你说话，但是从来不晒你们的照片，也不提及家庭，你又会是什么感受呢？”

她说：“那还不如现在呢。”

是的，类似的案例很多很多。多少个家庭就是不愿意沟通，不愿意表达，结果导致情感出现矛盾，产生纠结。原本和谐号的爱情列车可以驰骋，但是被“沉默”阻止了。

女人喜欢通过谈话来建立关系、巩固关系，喜欢通过絮叨来显示自己的领导地位，表达对男人的关心。而婚后的男人更愿意直接说出自己的具体愿望，比如“我想休息”“我要开会了”。面对女人的絮叨，男人不会直接反驳，但会选择沉默。意思是：一方面表示抗议，另一方面故意保持距离。女人会为此感到特别受伤，会说“他们没有感情，简直冷血！”这其实是一个误会。婚后的男人习惯用心去交流他们的情感和爱慕，女人絮叨得越厉害，男人会离得越远，虽然他沉默不语，但心里已经竖起了一道“防护墙”。

很多男人从小就接受“脊梁”教育：无论承受多大的压力，都不能通过哭来宣泄，不能通过倾诉来排遣。他们唯一能做的，是沉默，在沉默中调整身心。因此，当他坐在沙发上一言不发，对你的话语置若罔闻时，你不妨给他一个小时的时间，让他和白天的工作彻底说“再见”，之后，他可能就会对你的任何问题表现出惊人的兴趣。

男人说着笑着，突然就会沉默起来。这个时候，他可能正在思考问题，不希望他人把自己从思考的状态中拉出来，更不希望被人打断或扰乱。如果你忍不住向他提问题，无异于自讨没趣。在男人们看来，这时候所有的问话，都是打扰。你不妨当一个默默不语的随从，帮他创建这种轻松的氛围，这不仅会使他的沉默时间大大缩短，而且会让他对你感激不已。

与此同时，男性心理研究者指出：男人的世界充满竞争，这就要求距离、假面具和算计，孤独在所难免。而女人会觉得，男人的心里一定藏着很多秘密，好奇心驱使她们不断推进挖掘的深度。要让一个男人在沉默时敞开心扉，首先要给他一种安全感，即你在任何时候，都不会利用他的弱点。你可以安静地听他叙述，尽可能客观地进行评价，并和他一起寻求解决的方法。

回忆男人的幼年时期，他们的“特定”玩具是冲锋枪、小汽车等。从小时候起，男人就和一些体现“硬汉”形象的玩具打交道，培养所谓坚毅的“男人性格”。男人摔破了膝盖，再疼也是不能哭的，因为我们的社会认为哭泣不是男人的表现。

父亲在教导儿子时，通常会说：“你要像个男子汉。”至于什么是男子汉呢？社会给他设定了标准，就是不轻易流露感情，克制情绪。对女人即便充满爱，外表也要不在乎，因为混迹于脂粉堆里天天围着女人转的男人，不像个男人。理想中的“男子汉”要做经天纬地的大事情。在这种教育中长大的男人，学会了沉默。他们宁愿去酒馆喝得酩酊大醉，或者埋头拼命工作，也不愿轻易向人诉说生活的忧伤，因为，男人有“必须像个男人”的压力。

这可能和两性参与社会竞争的程度有关，一个女人在社会生活中不成功，可以天经地义地在丈夫的庇护下生活，但男人只能直面严酷的生存压力，这是使他们变得沉默的重要原因。

生物学家指出，两性在情感表达方式上天生有区别，比如女人偏于情绪化，男人则偏于理性化。这或许也可以解释男人为什么不爱表露自己的感情。

许多女人将婚姻看成生活的唯一，看成安全感的重要来源，这种对婚姻的认识也影响着她们的心情。其实，这种认识的形成可以追溯到文化的源头。在原始社会，一旦男人女人成立家庭以后，妻子只需要在家里操持家务、抚养孩子，等待丈夫打鱼捕猎归来，以此养家。在当时，一个人女人如果缺少婚姻和一个男人的庇护，那她就有可能衣食无着。可见，经济上的依赖感是女人格外依赖婚姻的重要原因之一。

问题智慧

1.为什么明明爱对方，却选择沉默的方式?

2.男人的沉默出于什么心理?

真的爱就不要让它扭曲

“我是为你好”的想法，让“爱”或“关怀”掩饰了自己的私欲，无法优先考虑他人的利益，从而让自己所付出的“爱”或“关怀”扭曲变形。其本质是对自我的观点和行为的肯定，这不是爱而是自私。如果真的打算付出爱，就不要扭曲爱的本意。

父母说“我打你，是爱你，为了让你好好学习”；妻子说“我严格控制你，是不让你和那些朋友鬼混”“我是为你好，别总是傻傻地掏钱”……都是“我是为你好”。这些“为你好”是真的为了对方好，还是维护自己的价值观，以自己的标准用一句“我为你好”来要求别人呢？

活在自我的价值观里，我们又如何体会到别人的感受呢？如果最后产生了矛盾，那么爱的本意就已经扭曲了。我们对于周围人有所要求时，以为是关爱和关心，其实本质是为了满足对自我的观点和行为的肯定，这不是爱而是自私。

我们常常自认为“我是为你好”，但只有当对方的表现如我意时，才会对他好；如果对方的作为不如我意，我们就会反感，产生怨气。这种关怀方式，似乎不是在关怀别人，而是在关心自己。

没有正确的心态，我们的关怀就达不到预期，甚至反而带来伤害。所以，真的爱，就不要让它扭曲！

你的“爱”是毒药还是营养品

爱原本是开心、快乐的，当“爱”成为一种毒药后，又会是什么样子呢？

你的“爱”也许让他/她感到十分压抑、不舒服，而你不知，一如既往地付出你的“爱”，纠结不爽的他/她最后采取了“不在沉默中爆发，就在沉默中灭亡”的策略与你渐行渐远了，这让你们的婚姻蒙上了阴影。几年来一直生活在压抑、管制之中，现在他/她选择了爆发，原本幸福快乐的你们都成了不快乐的人了。想想看，这是你的本意吗？

你的“爱”是不是过多过强或缠绕过多了呢？如果对方在你身边连起码的私人空间都少得可怜，那么他/她感到的就不是幸福快乐而是压抑，就会选择逃离。你们朝夕相处，如果你什么都问，什么都干预，或者什么都不放心，对方的感觉就有点像被软禁了。其实有时候做个静默的爱人比强行的约束、压抑会好得多，所以不要让你的“爱”变成一种慢性毒药。

什么情况下，爱会变成慢性毒药呢？一是十分自私的爱，二是过分压抑的爱，三是不信任的爱。你的爱是哪一种？还是三种特点都具备呢？

爱不是要让对方感到压抑，而是要让他/她感到轻松愉快，感到开心，感到快乐和幸福，而不是处处设防，让他/她感到烦闷。披着“爱”的外衣，过分自私的爱，那已经不是爱了，而是束缚、压抑、伤害，它会成为一种慢性毒药而侵蚀你们原本健康的爱情。

我们知道托尔斯泰笔下的安娜·卡列尼娜的悲剧爱情故事，在当时所处的社会背景和现实下，安娜就经历了爱的压抑与偏执，以至于最后牺牲了自我。当然，现今的中国社会已经不像安娜·卡列尼娜那个时代了，所以人们可以选择逃离，选择他/她向往的轻松愉快的生活。

曾有网友问过我，给予的爱太多是不是也会让对方感到压抑？爱一个人是不是要把自己所有的爱都给他/她？

其实“给予的爱太多”，以及“把自己所有的爱都给对方”，这当然很好，但是你给予对方的，是不是对方喜欢的？是不是对方需要的呢？这是我们要考虑的。

表达爱的关心有很多种，你的行为是无私的还是自私的要分清，换一种方式、换一种语言、换一种内容兴许会是一种新的格局呢。

问题智慧

什么情况下，爱会变成为一种慢性毒药呢？

理直气壮地索要爱的方式

爱情里最棒的心态就是：我的一切付出都是心甘情愿的，我对此绝口不提。你若投桃报李，我会十分感激。你若无动于衷，我也不灰心丧气。直到有一天我不愿再这般爱你，那就让我们一别两宽，各生欢喜。

在一部国外电视剧里，理想主义者夏洛特小姐在跟近100个男人约会后，终于找到了她理想的男人——一个各方面都非常完美的男人。

可惜他是一个犹太教徒，并且他母亲的遗愿就是让他娶一个信奉犹太教的女人。夏洛特自出生以来就是一个虔诚的基督徒。她权衡再三，决定为了爱情放弃信仰，改信犹太教。当她抛弃了上帝、圣诞节甚至把圣诞树都从家里扔出去的时候，她觉得非常委屈，觉得自己为了完美放弃了一切，甚至背叛了上帝。

直到有一天，夏洛特把从不做饭的闺密们集中到家里，大家手忙脚乱地忙碌了一整天帮她准备犹太教复活节的晚餐，想要给她的理想先生过一个完美的复活节。丈夫下班回家后看到这一切非常感动，但是吃饭的时候，他习惯性地打开电视看球赛，而忽略了与夏洛特交谈。

夏洛特愤怒地说："我为你准备了一整天我并不熟悉的复活节晚餐，难道你就不能关掉电视好好跟我说会儿话？"丈夫反驳："我很感激，但是我想看一眼球赛。这场比赛很重要，并且我已经调成静音了，你继续说，我听着呢。"

夏洛特忍不住歇斯底里地咆哮："我为你放弃了上帝，放弃了圣诞节，我为这顿复活节晚餐准备了一天，为什么你还要继续看这场该死的球赛！"丈夫愤然离席，只留下她一个人杵在原地。虽然他们最后是Happy Ending（完美结局），可这终归是电视剧，现实生活中可没那么多破镜重圆。

从夏洛特爱上理想先生的那一刻起，她就了解他只能娶一个犹太教徒做妻子。然而为了他的那份完美，她心甘情愿改变自己的宗教信仰去迎合他。整个过程中没有人煽动她，没有人强迫她，只有她自己想要跟完美先生结婚的欲望在驱使她。那么，她所有的付出都是自愿的，怨不得任何人。只是渐渐地，她觉得不值得了，不平衡了，于是就歇斯底里地索取回报，却忘记了这一切本就是她忠于自我、心甘情愿的选择。

每个成年人都应该为自己的选择买单，觉得不值得了也有随时放弃的权利，而不是时时刻刻把"我为你做了多少，而你为什么不为我做点什么"挂在嘴边，这是赤裸裸地利用正常人都有的内疚感进行道德绑架。一次两次也许管用，时间久了这种沉重的爱只会让人想要逃离，并且当你心理不平衡，想要疯狂地索取回报的时候，这段感情已经走到穷途末路了。

相对于爱情，这种强烈的付出感也无时无刻不在谋杀我们的友情。例如，当我们听到这些的时候，“上次那么冷的天我都陪你出去做头发，你今天晚上来机场接一下我怎么了？”“我为你做了那么多，你为我做一件事情怎么了？”……

很多人把自己付出的爱，无声地变成了交换，直接要求对方回报给自己。面对理直气壮的索取，纵然对方的感恩之心多么强烈，也在“索取”的那一瞬间被抹杀了。

其实，“付出感”是每个人与生俱来的一种补偿心理，但不代表这就是正确的。别再让付出感谋杀你的人际关系了，全然投入地去爱你身边的人吧。你会发现，有机会为了自己热爱的一切付出，这本身就是最大的幸福。

爱是无偿的付出，是心甘情愿的帮助，是彼此心灵的感应。既然选择了爱，就需要真诚地对待它、珍惜它，在他/她困难时予以支持，失败时予以鼓励，开心时一起快乐，悲伤时一起难过，而不是在拥有时无视它的存在，失去后才知道后悔莫及。

当一个人能包容你的过去，心疼你曾经为感情付出的伤痛，默默承受你对感情的敌视，鼓励你走出过去的阴影，请你心怀感激。因为只有深爱一个人，才能有如此举动，没有人有义务为过去的不相干的人的行为埋单，没有人有义务为你的前一段感情负责。

两个人在一起久了，就像左手和右手，即使不再相爱也会选择相守，因为放弃这么多年的时光需要很大的勇气。也许生命中会出现你爱的人，但那终归是过客，你还是会牵着你的“左手”或“右手”一直走下去。执子之手，与子偕老。当初是誓言，后来是责任，再后来是习惯。

爱首先是尊重，不尊重他/她，怎么会珍惜他/她？如果你的付出是源于心甘情愿的爱，那么你根本没有心情计较得失；如果你已经开始在意自己的付出，说明你的爱已经分量不足了。这个时候，计算是可以的，但是心知肚明即可，绝对不能光明正大、理直气壮地去索债，那只会让你们原本就岌岌可危的爱情加速蒸发。

用对你爱的方式，用对你付出的方式。

问题智慧

付出是因为你真的爱对方，还是为了“回报”对方才选择付出?

第五章

情感经营的智慧

第六章

如何处理情感危机

情感经营磨合期

提到情感关系，我在《女人的今生》栏目中一直强调情感关系的建立是需要经营的，但是一直以来，我们都没有搞懂“经营”这个词。其实，情感经营和公司经营一样，经营就存在组织改变，组织就需要目标、计划、设计、运营、人员、文化这一系列的词存在。

在这里，我还是想借用人力资源管理的感受，和大家解读一下关于情感经营的一些理念。很多时候，关于“家庭”这个组织（公司）的经营情况，大家或许还没找到头绪，下面我将情感经营和公司经营做了一个对比，看看是不是有很多相似的地方并从中找到灵感。

情感需要经营

这里给大家示范一下，让大家有更直观的印象：

再相爱都会经历磨合期。

爱因为感觉，感觉归感觉，习惯归习惯。

比如，新员工进入一个公司，需要全力以赴地去了解这个公司的企业文化、规章制度，以及它的过去、未来发展和愿景，这就是入职培训。入职培训结束后进入一段试用期，在这个过程中，有的人因为个人能力强适应得好、与公司价值观相同选择了留下，公司也认可了员工。当然，也有人觉得不够完美，不过没关系，还可以继续完善，力求完美。

新员工面试：修饰简历、化妆、准备话术、准备进入面试状态	新人相亲：化妆、准备话术，准备进入相亲状态
面试成功：进入试用期，彼此了解阶段，了解企业文化、规则、习惯、工作环境，逐步适应	相亲成功：进入恋爱阶段，彼此了解，了解彼此的家庭文化、家庭习惯、规则、成长环境，逐步适应
转正：彼此了解认同，进行转正，签订正式合同入职，为了保护双方合法利益	转正：彼此了解认同，进行转正，“签订合同”即领结婚证，为了保护双方合法利益
使用：公司开始试用员工，员工支付劳动，公司支付薪酬	使用：老公开始承担家庭责任，为家人遮风挡雨，老婆开始行使女人职能、养孩子、照料家庭
待遇福利：公司支付员工基本工资+岗位工资+补贴+保险+奖金+福利	待遇福利：老婆支付老公-（养孩子+照顾老人+收拾家务）=基本待遇+精神鼓励老公+甜言蜜语+温柔浪漫
考核：公司考核员工，出现满意和不满意。满意，加分、提高工资待遇；不满意，进行改进，不改进降职降薪，辞退	夫妻考核：满意，和谐共处，相敬如宾；不满意，吵架、打架、分居、出轨、离婚
企业文化建设：重中之重，令基业长青	家庭文化建设：规矩、习惯
员工满意度沟通：公司找员工谈	夫妻进行沟通：双方坐下来谈
公司和员工关系终止：申请离职或辞退或仲裁	夫妻关系终止：离婚或官司

你接受不接受事实都是这样

情侣也是一样：

我们是否愿意彼此深度了解？

这个过程中是否充分了解对方的习惯和爱好？

如果出现偏差，你是否愿意融合和接受？

如果我们随意放弃，岂不是多频次跳槽、多频次分手？

如果分手了，是我们不允许自己接受对方吗？

我们是否具备适应他人的“能力”？

很多人不妥协，一味地坚守自己的习惯，坚守自己的感受，坚守自己的价值观，强调自我，感情等不到升华就结束了。

有人说“我习惯他这样子，习惯了他的毛病”，不如说是已经接受了对方的缺点。

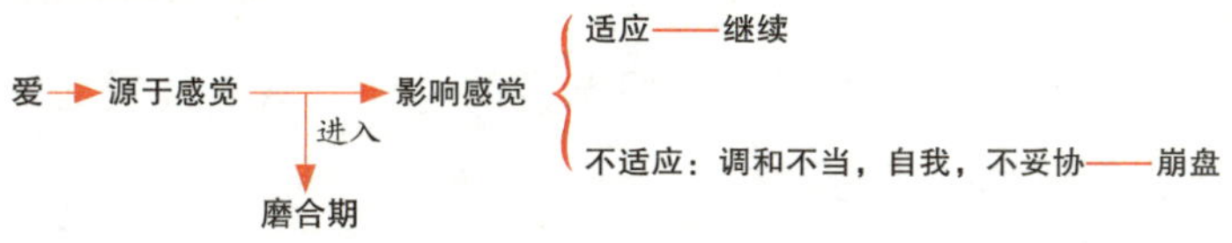

情感磨合期

再相爱的人都会经历一段磨合期，很多时候，爱因为感觉，感觉归感觉，习惯归习惯。爱情从产生感觉开始，有了感觉之后，很多情侣会互相适应和习惯。但大部分人会因为生活习惯、价值观等不一样，需要磨合。磨合的过程会影响感觉。有的人能适应和接受，就继续交往。有的人不能妥协，坚守自己的理念和价值观，这份情感就终止了。

杨兰说：

我和我的先生结婚三年，在这三年里，因为我们过去的家庭习惯不同，很多时候都因为吃饭的问题而发生口角，有时他嫌我做的饭咸了，有时说太辣了。结婚以后，前三年还是因为生活习惯而发生意见不一致，比如鞋子摆放的位置等非常小的生活细节问题。

有时想想根本没什么大矛盾，只是需要彼此更加熟悉和适应彼此的习惯。直到孩子五岁的时候，我发现我们共同的生活习惯养成了，之后再也没有因为琐事而产生矛盾。

每一个家庭都需要经历一段磨合的过程，这个过程是我们必须去面对和挑战的。

是啊，每一份感情都需要时间的磨合、心力的磨合，有的人需要一年、三年、五年，甚至一辈子，关键是愿意不愿意这样一直磨合下去。

问题智慧

1. 情感经营磨合期，你愿意和对方一起去适应彼此吗?
2. 情感经营磨合期，你愿意接受对方的不足吗?

用好你的搭档：合作伙伴

家庭也是一个组织，家庭搭档之间也是存在责任和分工的。如果说企业创造的是价值利润和发展愿景，那么家庭创造的则是爱情的结晶和共同的财富。这就是说在取向上，家庭也好，企业也好，有一致性。

关于企业的目标和价值观，大家都比较清晰，这里就不再详谈了。说到家庭关系，特别是家庭的情感关系，大家可能就会有很多想法。其实，不管是在《用对你的爱》这本书里，还是《女人的今生》栏目里，我跟大家互动最多的就是讲支持、鼓励、分享。因为情感关系的经营需要彼此高度的信任和支持，情感关系构建的终极目标是相爱的人擦出爱的火花，结出成熟的爱果。这种爱的组合是为了建设和发展稳固的情感关系，而不是伤害和破坏。

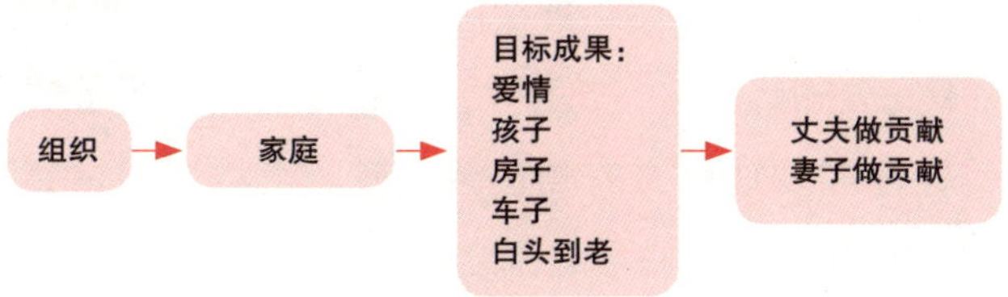

家庭组织

很多时候，员工不努力，是因为领导赋予的责任和使命感不够。这就需要组织的目标和价值观。比如家庭里发生下列情况：老公出轨了，或者老公没有担当，又或者对方不够爱你。很多人会感到困惑，我想在这里告诉大家，这可能与你个人有关，是你赋予对方的家庭责任感不够。

很多情况下，对方的家庭责任感是你赋予的。或许你不理解，换句话说，你是不是让对方充分感受到他/她是被需要的。

这里举一个例子：

我有一个闺密告诉我，自从和老公恋爱开始，就是她老公做饭，她不会做，结婚后，她还是不会做，老公继续做饭给她吃。家里，很多事她不会做，老公就承担了，而她老公只要有多余的时间，也会把焦点放在家里。

她在他眼里就是一个“小笨蛋”。其实很多事情她完全可以尝试做的，只是她有意地选择了“靠边站”，所以生活中，她在老公的眼里就成了个需要照顾的孩子。他非常照顾这个孩子，甚至照顾老婆成了他的习惯，慢慢地就产生了家庭责任感。

这个例子告诉我们，老公不是用来要求的，而是要被赋予责任的，你需要让对方有角色感，有职责心，感觉到被需要。人们需要具备情感关系的调度能力，而非硬生生地要求，这样才能塑造好男人，调教出好老公。

你是否有调度对方的能力？

问题智慧

1. 在情感经营里，如何用好老公这位搭档?
2. 在情感经营里，维持合作关系的基础是什么?

看到对方的优点是一种能力

我不喜欢他/她。我觉得他/她太自私了。

我觉得他/她说话不好听，情商太低了。

我觉得他/她长得不好看。我觉得他/她很固执。

我觉得他/她身边的资源不够好。

日常生活中，人们惯于用自己的标准去衡量别人的短板，最终减少甚至阻碍了双方的交往。还有一个现象，人们在闲暇聊天的时候，往往八卦别人的“缺点”比优点还多，人们从来都不缺少“挑刺儿”的能力。我们更擅长用自己的标准讲道理。

我们回忆一下这些画面：

过去当你有情绪时，你为什么有情绪，因为对方的缺点给你带来多次不满？

过去你和闺密聊天时，你是否说过配偶的缺点？

你在他父母面前是否说过他的缺点？

你面对他时，直接表扬过他多少次？

生活中，有多少人是你看不顺眼的？

贴心的朋友就那么几个是吗？

我们嘴上说着看到人家的优点，但是和对方实际相处的时候，你是在与对方的缺点共处，致使你抱怨、纠结、郁闷。

今天你对他/她为何不满意？

今天你抱怨他/她的是什么？

你的目光聚焦在对方的缺点上吗？

婚姻的真相就是，优点决定我们走在一起，而接受缺点决定我们能够走多久。

为什么让你觉得不顺眼的人比你觉得顺眼的人还多？所以贴心的朋友就那么几个，对吗？

一个朋友抱怨自己的老公一堆的缺点。

我问："那你还爱他，不离开？"

她说："他也有'致命'的优点。"

欣赏，是一种胸怀，一种雅量，一种品格。能阅人，能容人，放大他人的优点，缩小他人的缺点。

学会欣赏，就会明白每一个人都是独立自由的，每一个个体都希望得到关爱、尊重和理解。学会欣赏，就能"大其心以容天下之物，和其心以敬天下之人"。

学会欣赏，就能发现世界的美好，生活将会为之明朗。懂得欣赏，就能体会每个人的辛苦不易，工作起来也将更为和谐。理解欣赏，就能以己心换他心，人与人之间将会更加坦诚。

漫漫人生路，路上有荆棘和鲜花，有朋友和同事，成败荣辱，得失聚散，花开花落，朝晖夕阴，气象万千……我们无法估计未来会是怎样，甚至是下一刻会发生什么。在茫茫人海中，我们最需要的就是学会欣赏，懂得欣赏别人的好，理解他人的不足。这样，我们才能和谐相处，互帮互助，以长补短，一道向前。

学会欣赏，不吹毛求疵，不过分苛求，不要求茉莉花散发出桂花的香气；学会欣赏，工作中不埋怨不抱怨，让枯燥的工作拥有一份温情。

理解欣赏，但不妄自菲薄，做个明白人，不被一时的情绪所左右，让生活中少一点戾气。懂得欣赏，在学习中不断充实自己、提高自己、完善自己，止于至善，让人生多一份完满。

在欣赏中，我们要学会倾听，倾听来自他人的意见与声音，并让倾听成为一种习惯。“海不辞水，故能成其大；山不辞土石，故能成其高；明主不厌人，故能成其众；士不厌学，故能成其圣。”没有倾听与包容，这一切又从何谈起。

欣赏他人是一种本领，更是一种境界。学会欣赏，世界将不再狭隘，心胸为之宽广，人生不再灰暗。在欣赏中，阳光正好，微风习习，春和景明，天下大同。

能看到对方优点是一种能力，能接受对方的缺点也是一种能力。

问题智慧

1. 如果你能在身边的朋友/同事身上，找到一个对方最大的优点，那么你去尝试相处一下，看看会发生什么奇迹?
2. 你是一个善于发掘别人优点的人吗?
3. 你是一个善于总结别人优点的人吗?

给对方点赞，做一个激励大师

无论是在家庭中，还是在企业团队、日常交往中，激励别人、激发别人、激活别人都是重要的课题。如果我们身边的人因我们的存在而受到鼓舞、获得力量、绽放生命，我想我们自己的生命也绽放了。

每当你的微信圈发出一条信息，甚至发出一组照片，你是不是都特别关注别人是否给你点赞，有多少人给你点赞。当点赞的人发来信息，你会第一时间点开，看看点赞的人是谁。

如果你发的信息获得了很多人的点赞，你是不是觉得特别开心，而且你内心还会很感谢那些经常为你点赞的人。

其实，我们每个人内心深处都在寻求存在感，渴望被认可、被尊重、被鼓励，渴望获得支持。这是我们需要的。每个人都需要。

多少员工因为没有存在感，慢慢地不愿意主动工作了？多少员工因为不被称赞，慢慢失去了激情？多少老板在苦苦思考如何激活团队？

在老公/老婆面前，我们多么渴望对方能浪漫一些，对我们温柔一些，给我们说好听的话，哄哄我们，甚至是嘉许和鼓励。

那么，我想问：

你经常为你的朋友点赞吗？

你经常鼓励你的员工吗？

你经常鼓励你的领导吗？

你经常鼓励你的朋友吗？

你经常做到支持别人吗？

你经常为老公/老婆点赞吗？

你经常鼓励老公/老婆吗？

他们因为你的鼓励而感到兴奋，充满激情吗？

……

如果答案是否定的，那么你如何获得别人的点赞呢？

情感的维系，是需要彼此点赞、鼓励的，这是一种建设，如果一味地批评指责，会不会成为破坏？

刘刚和李夏，虽然性别不同，但是，他们有两个共同点：第一，他俩特别擅长从真善美里找出假恶丑，一丁点大的事都能找到“槽点”，然后开始叨叨。第二，他俩的伴侣气色都不好，刘刚的老婆常年萎靡，脸色蜡黄；李夏的老公总是精神不振，眼皮终年下垂。

起初，我不懂原因，但跟这两对夫妻接触了几次后，一切似乎都清楚了。

刘刚喜欢叫朋友到家里吃饭，因为刘刚的老婆是全职主妇，厨艺了得，西点和中餐各有惊喜。刘刚老婆洗碗的时候，我走到她身边由衷地赞叹道：“嫂子，你的菜烧得真好！”她很惊讶地说：“真的吗？普普通通家常菜，刘刚可从来没夸过。”我正想补一句“他身在福中不知福”之类，只听刘刚的声音响彻客厅:“宝宝的裤子怎么脏了一大块!”

我们从厨房狂奔出来，见到刘刚儿子裤子上染了一块画画的颜料，刘刚大声抱怨，太太整天待在家里，居然连这都没发现，怎么当妈的。

刘刚太太很隐忍，相当给老公面子，默默地拿出干净裤子，给四岁的孩子换上。

我打量着这个体面的家庭，客厅整洁、舒适，宝宝玩具整整齐齐地堆放在储物箱里，饭菜营养又可口，心里不由赞叹:这些，需要一个女人付出多大的耐心、爱心和精力。

可是，一条无关痛痒的脏裤子，便足以把一切优点一笔勾销，换来一个巨大的差评。

这样的日子里，女人怎么会扬眉吐气、容光焕发?

李夏的老公是个有礼貌的暖男，爱岗敬业还挺顾家，就是有点路盲。有一次，我搭他们的顺风车去一家不常去的酒店，算是亲身体验了一回“悲惨世界”，李夏几乎是从出发开始就在抱怨，一直痛斥到抵达目的地。

“哎呀，刚才明明该下高架的，你没长眼睛啊!”“那里是单行道哎，你还准备拐进去?”“那个傻瓜居然冲我们死按喇叭，赶紧超过他啊!”“你是我见过的开车最怂的人!”可是，即便这样，李夏也不让老公装GPS，因为嫌聒噪。

一到目的地，我就飞快地跳下车，赶紧向李夏夫妻俩致谢，李夏的老公从几乎要得抑郁症的脸上勉强挤出个微笑。

在这样的指责中，男人怎么可能自信满满、神采奕奕?

夫妻之间，没有伟人，也没有美人。我们终日面对的，都是枕边那个平凡的人。

别人眼里的女神，也有趿拉着拖鞋、披着睡衣、头发随便一挽素面朝天的一面；外人仰视的男神，也会蹲在厕所里脚跨长江两岸，手握重要文件，边抽烟边使劲。

可是，这样真实的人，却是我们要携手走过漫漫人生的伙伴，不表扬不鼓励，光批评光打击，难道忘了当初我嫁你或娶你是为了什么？难道就是用自己的一辈子，找一个终生的差评师挑毛病、闹情绪吗？

人到一定份上，该明白的大道理早就明白了，并不需要一个总是对自己耳提面命唱对台戏的丈夫或妻子。被爱着和被赞美着的人，信心是不同的。

A说：我就知道你根本不爱我，我发信息你都不回复。

现实生活中，还有一类人，B说：亲爱的，我知道你是爱我的，我知道你心里是有我的，你是否考虑到你的方式呢，心里的那个感觉为何不让我感受到呢？

现实生活里，两个人明明是相爱的，却用错的方式表达。如何成为一个生活中、工作中的激励大师，这是我们一生需要思考和学习的内容。

好友说："在我眼里，我男朋友最帅。"

每一次好友见到她男朋友都是充满崇拜、欣赏的眼神。

一次，她男朋友回头一笑，指着她说："她是我的忠实粉丝。"

其实，两个人之间的欣赏、崇拜何尝不是一种激励，何尝不是情感的凝固剂？

记得有一次，我需要主持一个活动，我很重视这个活动，希望自己拥有更好的状态，于是我给我先生发了一个信息，说："你要鼓励我一下哦，我需要有一个非常好的状态。"

一小时后，我接到先生的电话："这么小的事情，对于你来讲算什么？这不是你的强项吗？"

我听到后，哈哈大笑，他语言简练，但是充满了力量。这是打破常规的鼓励。常见的鼓励也许是"没事的，加油哦，我相信你！"激励有无数种方式，但焦点都在于告诉对方"你是强大的"。这是激励的最高境界。

关于激励，有人说赞美、表扬、说好听的话就是激励，其实不然，这些只是语言上的激励、表面的激励。如何成为一个能激励别人的人呢？

一个能激励别人的人，自身一定是有格局、有高度的，具有正向思维、正向价值观，是一个正能量的人。正能量的人和任何人在一起，都可以传递能量、滋养别人，令人学习、成长。正能量的人具有激励别人的能力，具有激励的意识、激励的思维、激励的习惯、激励的方式、激励的语言。

在你的情感经营中，你是不是一个能够激励他人的人呢？

其实，激励的最高境界是让人充满自信，奋发图强，发挥出超常的能力，而不是让对方高兴。如果停留在高兴的层面，那也只能说是赞美。好男人是夸出来的，爱他就要好好对他。

只有当我们把家庭打造成避风港，你的另一半才会成为爱家的男人。

你的伙伴被你激励了吗？你激发了他们的能力了吗？他们的生命被你激活了吗？还是一直被你压制？

每个人都需要获得认可，获得存在感。我是否有提供这份需要的能力？

一对夫妇，丈夫总是不喜欢理发，妻子希望自己的另一半帅气潇洒，于是频繁地催促他："头发都这么长了，太难看了，快去理发吧！"遗憾的是，他常常不为所动，或是被催急了才不情愿地出去理发。

后来妻子用另外一种方式说服他："你知道

吗？每次你理完发，人都显得特别年轻，特别有精神，赶快去理发吧！”目的还是和原来一样，只是方式变了，结果丈夫每次都高高兴兴地打理自己。

情感关系是需要激励的

分析一下，第一种方式是以责备、埋怨、不认可的态度交流，第二种方式除了语气有所改变，最重要的是用了鼓励、赞美的方法，自然收效迥异。

我们的文化传统告诉我们随时要自省，但在生活中，我们却习惯挑剔他人。也许在友情维系中我们常用赞美的话语，却吝啬将赞美给予我们最亲近的人。

试想一下，如果一个女人对一个男人这样说：“我这辈子就佩服两个人，一个是李嘉诚，另一个就是你！”估计这样的赞美没有人不会为之动容，因为强调了对方的价值。当然，赞美的核心是要真诚。

问题智慧

1. 如何给对方点赞，做一个激励大师？
2. 你是一个愿意给别人点赞的人吗？

你能给对方什么，你的不可替代性是什么

在情感关系里，经常有人发问：你存在的价值是什么？你的优点别人同样有吗？你给对方的，别人同样能给吗？

比如在现实生活中，我能给他一个孩子，我能照顾家，我能工作，我能孝敬双方父母等，这些事情别人同样能做到。

我经常提及一个人的能力，如一个文员需要细心、执行力强，需要有亲和力、有耐心、有条理，并且有较好的沟通能力、协调能力，除此之外，还需要具备高出这个岗位要求的能力。

如此一来，职场中，你能得到比较满意的薪酬，别人也能，但是待遇就不一样了。

家庭中，你能给老公的别人不一定能给的，这就是不可替代性。

我想你需要列一个清单。

对方“想”要的：

1.____________________

2.____________________

3.____________________

对方实际需要的：

1.______

2.______

3.______

我能给的，别人同样也能给的：

1.______

2.______

3.______

我能给的，但别人不能给的：

1.______

2.______

3.______

在情感关系里，希望我们能成为不可替代的那一个。

问题智慧

我有什么是别人给不了的?

加点“同学”关系更铁

什么关系是最铁的？

你一定会回答：一起扛过枪、同过窗的。是的，一起当过兵，一起经过严格训练，共同经历过一段艰难岁月的洗礼和历练。

而同学关系，是在一个单纯的环境里，一起学习，树立统一的价值观，打造知识系统，一起成长。所以，同学关系里既有快乐，也有正能量，还可以共同提升，有共同语言。社交圈层大多也是因为同学关系——同学会而凝聚起来的。所以，同学关系是有凝聚力的。

在家庭中，共同学习是一种不错的拉近彼此的方式。你可以尝试一下在你们的情感关系中增加一个“同学关系”。

那么，你和你的另一半，是否类似同学关系呢？

这是一个非常强调自我实现的时代，唯独同修才能同频。

同修，即通过同信息、同价值观、同爱好，实现同频、共振、同渡。

现实生活中，大多数的家庭一方外出学习，另一方在家看孩子，接收的信号不同，逐渐出现了不同的想法、看法，沟通的时候，便容易出现分歧。而分歧是矛盾的开始，也是感情破裂的开始。

佳佳说：我和老公一起学习的机会比较多，一起修习至少三个系列的课程，比如总裁班，很多内容已经渗透到骨子里了。所以我们聊天的时候有着相同的话题、相同的知识结构、共同的朋友，就算“八卦”的人也认识。一起学习是润物细无声的情感融合剂。

打造坚不可摧的情感关系：家庭文化是关键

我们经常听到企业文化、团队文化，却很少谈家庭文化，我们最多称之为“家教”或家庭成长环境。

其实，家庭文化像企业文化一样重要。一个组织良性存在、持久发展的根源便是“文化”。大到一个国家的文化发展，小到一个家庭的文化内涵和韵味，都是这样。

家庭文化，包含价值观、人生观、世界观、习惯、感受、感知、行为准则，倡导什么，摒弃什么。就像有的家庭孩子懂得使用礼貌用语，有的家庭孩子出言不逊，孩子的行为举止无不透露其家庭成长环境。

下面我们将通过问题的形式，呈现家庭文化对于打造坚不可摧的情感关系的作用。

我们总在谈企业文化、家庭文化，我们是否真正关注？

你的家庭文化是什么？

令你最骄傲的家庭文化是哪些？

你的家庭文化核心主张是什么？

如果对方出差了，你会每天打电话给他/她吗？

如果对方病了，你会关心对方吗？

如果对方生气了，你们是冷战，还是幽默地一笑而过？

你们有情侣装吗？

你们外出牵手吗？

你们吃饭时会为彼此夹菜吗？

天冷的时候，你们会为彼此披衣服吗？

你们家里的摆设颜色、风格、主色调是什么？

人们能经常看到你们向彼此微笑吗？

人们能经常看到你们在一起吗？如商场、超市、课堂，还是任何场合都见不到你们的身影？

人们听到你们对彼此的称谓是什么？

人们听到你们对伴侣的评价是抱怨多还是表扬多？

人们能听到你们对彼此关心的话语吗？

你们在一起时经常互相开玩笑，还是一本正经？

你们家庭里感受到的是舒服、温暖、浪漫，还是冰冷、火爆、麻木无感？

你们家庭里有约定吗？是否有共同遵守的约定或誓言？

你们共同的目标是什么？

你们有旅游计划吗？

你们有共同的学习计划吗？

的确，家庭文化由你看到、听到、感受到的一切言行举止和行为习惯组合而成，良好的家庭文化是有带动性、创造性的，可以让人走向积极，也可以让人走向负面，可以成就人，也可以毁掉一个家庭。有的家庭是包容的家庭，有的家庭则是充满自私、控制的家庭。

问题智慧

你的家庭文化是什么？

不要用你的标准来看这个世界

每个人都有自己的价值观标准，以及对事物的看法和衡量标准，从而形成其独特的做事风格，直接影响其做出决定。在情感关系里，“标准”同样存在，这值得我们深度思考：

你的标准是对的吗？

你的标准是流行的吗？

你的标准一定要成为规则吗？

假如达不到你的标准，你会怎样？

在你的标准范围内执行，最后你的损失是什么？

因为你的标准，你失去了多少？

例如：你的标准是一定要把拖鞋放在柜子里面，那么你的标准就是“命令”。有了这个标准，就意味着有了要求，就出现了对方是否同意的问题，以及导致对方不满意、闹情绪，双方产生不可调和的矛盾的可能。

你的不满意来自于你的标准，你的标准是个人标准还是通用标准？在情感关系里，一个人的标准多了，多到超过了界限，就成了障碍和阻力，让对方感到不舒服。

由个人标准而产生的要求里，也同样产生不放过、不接纳、不信任的问题。

你不接纳对方，对方也一定不接纳你；你不喜欢对方，对方一定也不喜欢你。不信回看一下你身边的人，你还敢经常不接纳别人吗？

你的不接纳是否为你的人际关系带来了阻力？

日常生活中，人们把对爱人的期许和希望变成了要求，而不是引导。因为你有要求，必然会产生对抗、不接受、反感、抗拒、讨厌，谁会欣喜地去爱一个天天要求自己的人呢？

很多家庭爆发争吵，原本不涉及核心问题，但是对错论让感情陷入危机，成了争执的战场、辩论的战场。

在丈夫眼里，妻子=问题+妻子。在妻子眼里，丈夫=问题+丈夫。遇到问题，不是分析、解决问题，而是先说你的错，全是你的错，你是有问题的，需要改正，我是没问题的。

比如，丈夫对妻子说："我觉得你应该温柔点……"妻子打断他说："我觉得你有问题。"这样，沟通的欲望就会停顿了。情感也就停止了流动。相反，幸福的家庭里，双方没那么在乎对错，而是更在乎彼此。比如，妻子会继续倾听："怎么温柔呢？"妻子摆了一个妩媚的姿势，说："那你觉得我现在呢？"

这样，两人便会融入对方，创造一种极其浓烈而幸福的氛围。

你会发现，听见、看见、感受到对方，让两个人联结，有呼、有应、有亲密，才是两性中最重要的事情。

也就是说，在婚姻里，真正的对错，不是谁正确、谁错误、谁高明、谁低下，而是爱是否流动，亲密是否存在。

有爱，有亲密，有情感的流动，就是对的。相反，无爱，无亲密，无情感的流动，就是错的。因为，你们不是两个个体，而是一体，你们是生命的伴侣，最亲密无间的伙伴和搭档。

有时候，在时间里走着走着，我们会忘记初心，忘记了最初的时候，我们相遇、相知、相爱，并决定长相厮守，不是为了分出谁对谁错，而是为了彼此联结。

我们为情绪所控时，动弹不得。但无论多么艰难，还是要记住：当头脑开始评判对错，进入各种妄想之时，记得我们一起回来，回归初心，回到开始的地方。

生活中，我们去看待和评论一件事，往往会带上自己的意愿，以自己的标准做参考。这是一个共性的东西，这点我们或许无法改变。因为，如何看待和认识某个事物，和每个人的世界观、价值观有直接的关系。

每个人都有为人处世的原则，也会有自己相应的标准。但切记不要用你的标准去衡量他人。因为，你的标准只适合于你自己，对于他人就另当别论了。

最鲜明的一个案例，就是教育子女的问题。很多父母都是按照自己的意愿去培养孩子，觉得给孩子铺设的道路是最好的。正是因为他们很少考虑孩子的意愿，所以，才出现了那么多的矛盾难以解决。这个问题，是普遍存在的。

在工作中，我们也常常用自己的标准去衡量他人。一个新来的同事，肯定做事不会那么熟练，这是一个常识。突然有一天来了一个新人，完全看不出是一个新手，和做了很久的员工一样熟练。这个时候，我们就会觉得这个人肯定之前做过类似的工作，是从其他公司跳槽过来的。实际情况是他之前没接触过这个行业，只是他的领悟能力要强一些。

可见，按照自己潜意识中的标准去衡量他人，往往很容易出现认识性的错误。因此，处理具体问题时，还是要按照实际情况而定。

我们常用的“标准”，就相当于“经验”。要是所有的事，都按照经验去做，势必出现错误。从这个角度来说，用你的标准去衡量他人，就更不应该了。

每个人都是一个独立的个体，都有自己的行为准则，这些标准是用来衡量自己的，也是用来鞭策自己的。时刻让自己保持清醒的头脑。

问题智慧

1. 在情感关系里，你的“标准”成了对伴侣的要求吗？
2. 你的标准，引发了与对方的争执吗？

你的死穴让情感产生危机

你的致命缺点是什么？

你的情感关系中的死穴是什么？

是什么让你形成这样的缺点？

你的致命缺点可以改变吗？

如何改变你的致命缺点？

你是否决心改变你的致命缺点？

如果你改变了，你的生活将会变得如何？

请你罗列一下你的缺点吧，并请你进行归类处理，看看究竟是什么原因。

每个人都期待遇见贵人的指点，而大多数贵人都会告诉你一个方向，或者你需要克服的是什么。但是我确切地告诉你，你完全可以自己找到自己的不足。

如果你愿意，给自己一个独处的空间，详细地罗列自己的不足、缺点，试试看，最后你发现了什么，你是否会心痛？

曾经有一个学员问我："老师，我感觉自己得了恋爱恐惧症，谈恋爱的时候，总觉得对方出轨了，一刻不搭理自己，就感觉浑身不舒服，要爆炸！"

很多女生在恋爱的时候会疑神疑鬼，患得患失，恨不得天天和对方黏在一起，恨不得把对方变成孙悟空的金箍棒，用的时候拿出来，不用的时候放回去，总之随身携带才会有安全感。可是姑娘你有没有想过对方的感受，会有男人喜欢这种女生吗？看上去是对对方的喜欢和依赖，实际上是为了满足自己没有能力让自己幸福的所谓的安全感。姑娘，你不觉得自己太喜欢索取了吗，这样下去你想过后果吗？

你要明白你现在是对方的女朋友，不是对方的老板，更不是对方的主人，对方是你的男朋友，不是愉悦你的工具，更不是你的私人物品，所以你要明白男人喜欢什么样的女人，对方喜欢什么样的你？

无论你是职场女性还是家庭主妇，首先你得有女人味，即起码要有女人应有的温柔、细致和体贴。一个女人，如果能在传统和现代之间寻找一个平衡点，在追求性感火热的时尚之美时，又不摒弃传统古典的雅致婉约，事业上，还有着一份不错的工作，能与男人旗鼓相当，那么这样的女人一定能轻松地得到她想要的小情调和小幸福。

很多人，心里的不安全感成了他/她身上致命的缺点，因为内心缺爱，缺乏安全感，就像警察一样去监督、检查伴侣，结果在情感关系里失去了自我。

很多人，情商低，没趣成了其致命的情感关系死穴。

想一想，你的死穴又在哪里？

问题智慧

1. 在情感关系里，你的死穴是什么？
2. 如何改变你的致命缺点？你是否决心改变你的致命缺点？

不改变、不进步，迟早被淘汰

世界是进步的，社会是发展的，地球是运转的，太阳和月亮都在升起降落，你的思维还不变，宇宙都不接受。

人们的本性就是不断寻求更好的东西，在这个物欲横流的社会，产生已经比较容易了。你不变好，对方就会寻找更好的人。你不进步就被会替代。

企业里的员工不进步，不能适应公司的发展，就不能升职加薪，甚至被绩效考核淘汰。在家庭情感中，或许很多人认为我讲得比较生硬了，但这确实是事实。家庭中也有考核，“老婆”“老公”本身就是角色，在角色的承担中就存在胜任能力问题，你具备这个胜任能力吗？多少人不具备胜任能力而未婚、未嫁、未娶？你为此而改变自己了吗？还是选择了顺其自然，最后归结给了“缘分”。

不要讲拿对方的“责任”来约束、捆绑对方，对方接受你，不抛弃、不放弃是他/她的责任感强，但是对于你个人而言需要的是自我认知中的改变和进步，这是你需要做的。我们往往关注对方的责任问题，认为结婚了，对方就应该具备责任感，但是，承担责任是在对方乐意的情况下，如果最后你把这份责任经营到令对方抗拒的状态，那将是最大的失败。

老公说："你瞧你的样子，邋遢，一点都不收拾。遇到事情就较真、固执，甚至跟小孩子一样任性。"

老婆说："怎么啦，我就这样啦，你爱要不要，不然你有本事离婚啊！"

这样的对白，我们不陌生吧。是啊，多少任性的人不接受建议，不愿意改变自己的思维模式。

一天，李兰在购物，想买件礼服，闺密说，你完全可以稍微更时尚一些啊！李兰说，我不喜欢，不能太时尚，还是传统一些吧。于是，她选了一件非常传统的黑色礼服。

这看似一件小事情，但是你会看到人们日常生活中形成的价值观。

当事人或许没有对错，但是你会发现，一个人如果不能360°处理自己的思维、情绪、接受角度等，他也就慢慢地长成了一根"棍棍"的模样。

我们需要懂别人，但更需要懂自己，正确地看待自己、评价自己、面对自己的不足，懂自己需要突破什么。我们的心智不成长，就会变得幼稚，无法面对大事件；我们的见识和知识不增长，就会越老越乏味；我们的思维模式不调整，就会一直活在自己的经验和感知的世界。情感关系是需要融合的。我们都需要成长。

夫妻两个人的关系就相当于树与藤的关系。

树在不断成长，而藤停止生长，就会有其他的藤缠绕过来。

同样，藤越长越长，而树停止生长，藤只能去缠绕别的树！

夫妻之间不合，才是家庭最大的内耗。成长的事谁也无法代替！

问题智慧

1. 在改变这件事上，哪些是你抗拒的，是你不愿意改变的？

2. 改变对于构建良好情感关系的重要性是什么？

情感满意度是需要回访的

情感满意度，大家会认为是件很刻板的事情吧，其实听起来刻板，做起来很容易。

在琐碎的生活中，面对积攒的情绪垃圾、碎片，每个人身上都背负着一些压力和负面情绪，这些是需要排解的，就像身体排毒一样。

你需要给你的家庭排毒，需要给你的情感排毒！

矛盾的产生就在不解释、不询问、不知道中发生了。

矛盾一旦发霉，产生病毒，就会恶化成为肿瘤，不去治疗，情感危机就发生了。

情感满意度是需要回访的

在企业中，我们常常要求员工做满意度调查和沟通，因为我们需要了解对方的想法，是满意还是不满意，我们需要知道对方到底想要什么。

对于家庭而言，我们要用更加柔和的方式、语言，但是事情的本质是一致的。

企业团队为何要有员工满意度回访?

你不问，你不知道对方在想什么。

你不问，你不知道对方需要什么。

你不问，你不知道对方的抱怨和不满是什么。

最后导致员工要么工作不负责任，要么离职跳槽。

家庭亦需要如此。家庭中夫妻两人相处，也会有价值观不同、想法不同的问题，你不问就不知道，两人内心就产生对彼此的怨气，你问了至少找到了自己的不足。

一个女朋友是这样做的，她说，我经常“回访”我的老公。

“亲爱的，最近我的表现怎么样啊？”

“亲爱的，你看看我怎么做更好？”

“亲爱的，你对我有什么意见？”

每当我这样问我老公的时候，他都会顺便说些日常小琐事，我能听懂他背后的意思。

良好的情感关系不是在发生矛盾后才沟通、解决、面对，而是通过在日常生活中交流，寻找情感关系中的隐患，这是“经营”情感的基本内容。为了防患于未然，为了更好地建设，我们需要温柔地用心交流。

很多时候，情感是指经历了一定时间和不同处境而产生的具有倾向性的情绪状态。积极情感是指倾向于感到热情、活跃和精神饱满等的情绪状态；相反，消极情感是指倾向于感到气愤、内疚、恐惧、紧张和主观压力等的情绪状态。

情感需要及时沟通，及时反馈，及时排毒，及时纠偏。

问题智慧

情感关系中，你需要对方反馈对你的印象和感受吗？

培养感觉比培养感情更重要

为什么培养感觉比培养感情更重要？我们在初恋时，只有一见钟情，也就是相处时荷尔蒙产生的感觉。这种感觉，是人们性格、价值观驱使下的行为举止，留给对方的印象和内心感受。这是来自你内心世界的原始符号。

我们因为这些感觉而继续交往、互动，日久生情，久而久之，成了一家人。

我们经常听到“没有感觉”这样的说法，换句话说，其实就是感受不够好。感受好了，自然就有了感觉。如何让对方感受好呢？

我前面提过外在吸引力、内在感召力，以及我们的能力，这些都是促成感受的必备要素。假如你是一个无趣的人，你如何给人以好的感受呢？

假如你是个自私的人，你如何让人有好的感受呢？

假如你是个内心纠结的人，你如何让对方充满能量呢？

如果你们经常辩论甚至吵架，怎么还能有好的感觉呢？

如果你们总是不信任对方，怎么还能有好的感觉呢？

感情会被感觉破坏，如果我们一次次地用怀疑、争吵、伤害破坏爱的感觉，那么感情慢慢地就不再温暖，不再浪漫，不再有安全感，慢慢地也就淡了。

感情是需要经营的，感觉是感情的基础，培养感觉比培养感情更重要。

问题智慧

今天，你是在为良好的感觉做建设，还是在破坏?

第六章 如何处理情感危机

第七章 坚守初心，留下幸福

被迫失去的关系中，人们第一反应是“凭什么”

很多情感关系破裂时，尤其是被动的一方，其中一个反应就是愤怒，嘴上说：“为什么啊？凭什么这样对我！”纵然是自己的错，也同样会有这样的反应。

损失了
丢失了 } **凭什么？（生气、愤怒）**
被迫了

一旦失去，人们会本能地发问，也自然走向情绪化。这是情感危机处理时的第一个障碍。

我们经常可以听到这样的说辞。

情感危机时的我们？

善于学习对手

夫妻吵架了，或者发生情感危机了。

女方会说：这么多年，我对你怎么样？哪里对你不好了？我为你付出这么多，我帮你照顾父母，照顾孩子，打理日常事务，你今天还这样对待我，凭什么？

人们用自己的付出来兑换（交换）对方的感受，这个公式是不成立的。

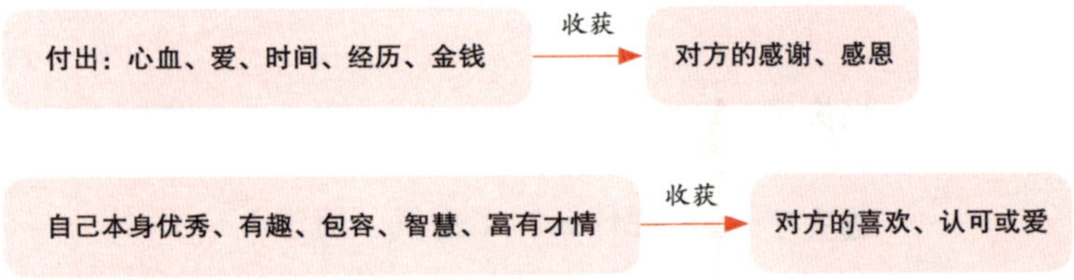

兑换（交换）公式

我们看到，你为对方付出了，不等于对方就会爱你，或许对方会因为你的付出而感激你。但是现实生活中，人们往往认为付出了就可以换取对方的爱，这是错误的。

于是人们开始拿着“付出”这个说辞进行情绪化的理论，甚至发生争执，不公平感产生了——凭什么？任何经营活动都有风险，都有成功或失败。情感关系也同样会面临情感崩盘坍塌。

婚姻有结婚就有离婚，很多人离婚之后，或者在发生情感危机的时候，都会纠结，个人精神恍惚、萎靡不振。追根究底，除了感情上的付出感之外，你的痛苦源于你赢得起却输不起。

我们在进行情感选择和投入的时候，就要有一个心理准备，经营不好就有亏损的可能性出现。这个结果你要承受得了。

其实，“输不起”的人，往往有以下两种表现。

第一，明明输赢结果已出，却始终不肯离场，只想着扳回局面，不断追加投入，一心想着把所有失去的全部挽回，结果往往输得更彻底，直到最后输无可输。

这就是典型的赌徒心理，人人都听过及时止损这个道理，能做到的却寥寥无几，这便是很多女人输掉爱情之后，往往还会以尊严、健康、快乐、时间为代价去挽回，最后爱情没有挽回，其他东西也一并失去。

第二，已经知道输了，却无法接受这个结果，找各种原因为自己开脱，不愿意承担输的后果，将责任转嫁到别人身上。

但事实上，任何结果都并非偶然，任何对错也并非绝对，比如离婚，女人大多都认为是男人的错，却忘了一个大前提——这个男人是你选的，这些也是你阅人的眼光产生的结果。

一个人最大的理智就是做每件事之前，都会想到有两种可能，一种是成功，一种是失败，可是大多数人只能接受前一种结果，却无法承担后一种结果。我们做每件事都希望成功，希望有一个好结果，但愿望毕竟只是愿望。成熟理智的人，必然还会考虑失败的结果，做好相应的心理建设，衡量是否承受得起，然后量力而行。

很多人之所以痛苦，是因为预期过高，做的决定远超出自己的承受能力，而习惯单方向思考的人，最终的结果往往是失败，而他们又无法接受失败的结果，于是，把所有的责任都归结于外因，逃避本应承担的责任。我们是否需要找找自己的问题？

问题智慧

1. 被迫失去的关系中，人们第一反应是如何化解情感危机吗？
2. 被迫失去中，我们如何寻找自己的原因？

关系破裂“计算得失”是本能

当情感关系出现危机的时候，人们除了问“凭什么”之外，还会立即思考自己即将失去什么，如何自我保护。

一对夫妻发生了情感危机，一直不想离婚，痛苦，郁闷，想办法挽回。

但是在问题刚发生不久，妻子就做出了重要的决定：把公司的账户冻结，把丈夫的银行账户冻结，控制财产。

我问她：“你打算离婚吗？”

她说：“我不想离婚啊。”

我问她：“你不想离婚，但你在做着离婚的准备啊。你这样做，你的丈夫也会感受到你做着离婚准备，这并不是挽回他的动作和行为。”

计算得失，让人们走向了自私；自我保护，导致人们的格局和心胸更加狭隘。看看身边的案例，你控制了什么，就得到了什么，比如你控制了财产，就得到了财产，但得到的就不是人。

你冻结财产，意味着财产比人更重要。

或许你不承认，或许你不认可，但事实就是这样。

因为你优先保护了财产。

关系破裂，计算得失是本能，自我保护是本能，但是过度的自我保护，就会让人走向自私，自然会限制你对情感关系建设的贡献。

问题智慧

个人计算得失，对建设情感关系的影响是什么？

因为“失去”导致情绪爆炸失控

人们在“失去”面前往往会暴露人的本性，这是人们利我的心态作梗。

我不能失去你，
这对我不公平，
我就不能失去，
我只能拥有，
我就要拥有。

这一系列心态，导致在失去之后产生不满情绪。人们带着这种“凭什么”“为什么”的不满，开始恨、怨、说狠话，其实给对方造成伤害不是你内心本意，而是你的情绪失控了，是你的情绪在伤害对方。

我们经常讲“控制情绪”“情绪是恶魔”，因为情绪让你做了你不该做的事情，说了不该说的话，让你后悔，让你无路可走。

问题智慧

1. 你的情绪为什么会失控？
2. 为什么情绪让你做了你不该做的事情，让你后悔，让你无路可走？

说狠话、做狠事，把情感逼上绝路

很多情感关系的最终破裂，根本不是无路可走，也不是不可挽回。世上没有几个人是一心想离婚的，纵然最终感情破裂，离婚了，也是在背后的事情推动下发生的。

情感出现危机时，很多人给对方发短信、打电话基本都是在抱怨、威胁、恐吓、要求、强迫，原本情感只是有裂痕，还不至于崩盘，但是你的狠话和狠事导致感情走到悬崖边缘。

你不要回来。
我恨你和我的距离越来越远。
我根本不爱你。

你讲过类似的狠话吗？

你做过狠事吗？

结果是你想要的吗？你是真心那样想的吗？

你处理问题的方式，是激化矛盾还是缓和矛盾？

不说狠话，不做狠事，面对问题，解决问题，不抛弃，不放弃，不把自己的感情逼上绝路，这样才能拥有一辈子幸福的婚姻。两个人在一起总会遇到风雨的，如果两个人之中有一个愿意一辈子为另一个打伞，那么两个人永远都不会被雨淋，也能永远一起看到雨过天晴后的彩虹。

菲菲和老公的情感发生了问题，于是打电话给我。

我问："你发现端倪之后，都做了什么？"

菲菲说："我在他的车子上安装了监控器，我还去他的单位找到和他聊天的人。另外，我还冻结了公司的账户，目前我老公无法取钱了，被我控制住了。"

我说："你想离婚吗？"

菲菲说："不想离婚。"

我说："你不想离婚，为何做的事情都是为离婚做打算呢？你的行为和做法让对方感受到的是你想离婚，而不是想挽回，不是吗？"

是的，很多人心里不想离婚，但是行为、做法、语言呈现出来的是让对方走投无路，让对方感到你在做离婚的准备。

很多情况下，情感关系的破裂是人为逼迫的结果。

嘴上不留情，婚姻就无情。

爱一个人，不要用恨和伤害去表达，那只会加深彼此的痛苦。

那么，怎样爱才能不伤害对方呢？

或者说，我们表达爱，最大的障碍是什么？

我们之所以难以表达爱，是因为我们将绝大部分精力，集中在伤口上面。我们总是在要求对方来修复这个伤口。此时的我们，是没有爱的能力的，只是一个爱的乞讨者，寄生在爱的名义中。

因而，拥有爱的能力，最主要是管住自己的情绪，也就是说能觉察到自己的匮乏，安抚自己的伤口，这个需要学习，并不是先天就拥有的能力。

渴望爱，能够爱，是我们每个人都有的天赋和潜能。只是这个潜能，需要学习才能够激发出来。

问题智慧

为什么一定要说狠话、做狠事，把情感逼上绝路？

第三方优点一定值得你学习

我本是一个管理学实践应用者，提倡营销概念，既然你的客户选择其他产品，其他产品一定有他喜欢的特质，存在差异化的功能和特点。

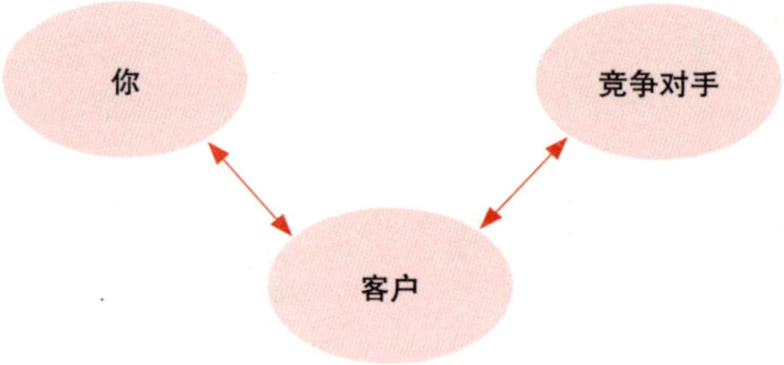

很多人在市场竞争中容易走向嫉妒，为什么不从营销角度去剖析竞争对手的产品特点和功能呢？

你一直在研究如何毁掉竞争对手，而不是迅速自我改进和改良、提高自己，超越竞争对手，所以导致最终失败。

在情感关系的世界中同样如此，如果出现第三者，我们为何无法学习竞争对手，甚至超越对方？至少我们需要拥有这样的意愿和想法，而不是说“我做了没用”，我们应该学习对方的优点，总结经验和教训。

我们在前面讲过，看到别人优点是一种能力，遇到问题，我们不是愤怒，不是发泄情绪，也不是试图控制对方，而是应该冷静、自我反思。如何做到冷静？如何做到反思自己？如何改变自己？如何提升自己？如何赢得对方信赖？

愤怒、抱怨、毁坏都将是“短路”和不智慧的表现。

一个女性企业家的情感发生了危机，找我倾诉。

我问她：“对方的职业、年龄、性格、特点、形象、思维模式、处理问题的模式是什么？”

她说：“这个女生很会处理问题，遇到事情不吵不闹，年龄比我小5岁呢，长得还不错，做文职类工作。”

我说：“听上去还可以哦，重要的是‘遇到事情不吵架’，你怎么不看别人的优点，就先抱怨、批判老公对你的放弃呢？”

言外之意是，遇到困难不可怕，可怕的是我不敢迅速面对竞争对手，学习甚至超越竞争对手。

问题智慧

如何向竞争对手学习？

丢了东西还是你自己的原因

如果按照所属关系来讲的话，我认为，如果你丢了东西，有可能是你自己的原因，可能是你没能力看好它，可能是你没看好的意识，可能就是你自己能力存在不足。

很多读者或许会对此感到委屈，你家里被盗，小偷确实讨厌，确实该打，但是反过来想一想，你是否给了小偷可乘之机？是否有疏漏之处？

情感关系也是如此。

你自己怎么了？

你的能力？

你的智商？

你的情商？

你的智慧？

你的才情？

情感经营中哪里疏漏了？

近几年经常出现一个词，就是“回看自己”，我希望我们所有人在成长的旅程中，都能够学会接纳自己、接受自己，学会看自己，找到自己的不足，真正获得成长。只有成熟了、强大了，我们才有可能拥有更多，照顾好我们身边的亲人和爱人。

刘云说：

艳桦老师，我和男朋友分手了，我今天想通了。

就像您说“丢了东西”还是自己的原因，以前我理解但是不能接受，我认为男友存在严重问题，是的，那是他的缺陷，但是今天我发现了自己的问题。我那么痛苦的原因就是我非常依赖他，围绕着他转圈，黏着他，因为我的内心世界不够强大，让我和男友的情感关系没有了“度”。

今天，我可以做到了，因为我内心充满爱，我很富足，我体会到当我拥有的时候，会吸引到很多更好的东西。我不再害怕失去。如果害怕失去，只能证明我还不是那个小太阳。

在情感关系的路上，我们应该不断完善自己。

不是只有女人出了问题要自己解决，是所有人，不管男人还是女人，出了问题都要自己解决，你不解决就要承受问题带来的麻烦和困扰。如果你既不愿意解决又不愿意承认，结果一定很糟糕！

你应该问问自己当初是蒙了心还是蒙了眼找了这样一个令你痛苦不堪的人？

敢于面对自己错误的人，才是真正的勇者，你可以逃避一时，却躲不了一辈子。所谓“冤有头，债有主”，你今天所承受的一切果，都是你当初种下的因造成的！

值得思考的是，为什么两性感情里很多是女人纠结、困扰、容易受伤？

出了问题我们必须要解决，当然有的人非要反着干也没办法，日子是自己过，谁都没办法替你去承受你该承受的一切！幸福如人饮水，冷暖自知。

不管是心理专家还是心理医生，只会帮你看清事情的本质和真相，至于愿不愿意改变还是取决于你自己。你不愿意解决也没关系，你就继续承受下一次伤害。“落后就要挨打”“弱国无外交”，这些道理大家都懂，但是怎么做要看你自己想怎么过了。

值得一提的是，同样的生活，为什么有的女人即便不漂亮（大多女人会拿颜值当挡箭牌），也能过得很好？那是因为这种女人懂得迁善，懂得不卑不亢，懂得自我成长和经营婚姻，你只看到别人的光彩，却不曾看到人家的努力。

这个世界很公平，你要牺牲，就让你彻底牺牲，没有自我，没有一切；同样，你要活出自己，就让你彻底绽放。是的，你若精彩，上天自有安排。

所以不管是哪一种生活，都要有个好的心态，接受自己的选择，并为自己的选择买单。这种人即便输了也会获得别人的尊重，让所有人另眼相看！

亲爱的，并不是男人没有错，而是出了问题以后，我们只能解决自己的问题，但不能替别人改变。既然我们改变不了别人，那就先迁善自己，当你变了，这段关系自然也会改变，对方也会随之发生变化。既然我们改变不了社会，那就学会适应这个环境，因为我们要继续活着，而且要好好地活着。

造成情感危机的最大因素在于我们情感内没有“交心”。

什么是交心呢？

交心就是让对方了解你“真我的部分”。

婚姻生活中包含两种关系：熟悉和亲密。熟悉就是我非常了解你防御层的一面，亲密却是我了解你真我层的一面。

这两个层面在婚姻当中通常是这样表现的：

我问：“你和你丈夫的关系亲密吗？”

妻子：“亲密呀，我连他的鼾声、脚步声都能识别得出来！”

我问：“那你知道他为什么这么卖命地工作吗？”

妻子：“当然是为了我和孩子呀！”

我问：“那他那么卖命工作，还有时间和你亲密吗？”

妻子一愣，开始沉默。

后来，妻子通过和丈夫的深入探讨，发现丈夫之所以这么努力工作，是因为他男性的自我价值原始积累没有完成。这就导致他如果没有工作，事业不够成功，他就会感到自己毫无价值。这种不能忍受的无价值感，让他不断地去拼命工作。

这里你所了解的他的呼吸、他的声音、他的脚步，只要任何一个人和他在一起一段时间就能够了解，但是了解并不代表你们之间很亲密，这些都是最表层的东西，属于防御层面的东西。

真正的亲密是什么呢？就是你了解他的内在。

就像一个男人评价他的妻子，“她表面看起来很坚强，实际上她内心很柔弱”，为什么这句话让很多女人有共鸣？就是因为他了解的就是她内心深处的东西。

两个人如果生活在防御层，那两个人就都生活在误解里面。而打开真我层面的大门是非常艰难的，如果说婚姻是坟墓，那么这个坟墓就是进入人生另一个境界的入口。

但遗憾的是，很多人不得其门而入。他们缺乏交心的能力，过去也没有机会去培养这种能力。原来，这就是交心不到位导致出轨的原因！

婚姻中没有交心就没有真正的亲密，没有真正的亲密就没有真正的情感，没有真正的情感，那你就拱手把你的他/她让给小三了。

人是趋利避害的动物

发生情感危机人们有两种做法：

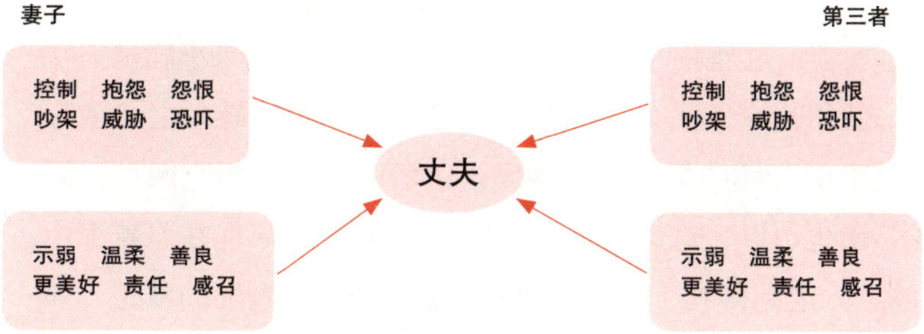

做选择都是趋利避害

人们天生就是趋利避害的动物，哪里舒服去哪里，哪里好就在哪里，人们强调自己的感受和感觉。

一头饿了的小鹿见到一片绿油油的草地应该会很“开心”的。尽管“开心”似乎源自本能，但对于小鹿来说，绿油油的草地的“效用”应当是很高的。如果小鹿感觉到前方有绿油油的嫩草时，很有可能快速奔跑过去。嫩草是“利”之所在，想去吃草自然就可以称为“趋利”。

还是这头小鹿，正吃着嫩草相当“开心”的时候，忽然闻到了一股特别的味道：应该有一匹狼就在附近！这匹狼——很可能是一匹饿狼——对于小鹿来说，就是“害”之源。于是，小鹿立即选择了“避害”——疯狂地逃跑！毕竟，“害”太大了！

我们再假设一种场景：这头饿着肚子的小鹿感觉到前方有绿油油的嫩草时，正飞奔过去，已经看到绿油油的嫩草时，突然发现就在这片嫩绿的草地上，有一匹瘪着肚子的狼。小鹿本能地掉头就跑，而不是继续上前吃嫩草。为什么？

人类经过理智的分析，就可以得出结论。如果小鹿被狼吃掉，就将生命不再，所以被狼吃掉乃是小鹿的最大之“害”，一旦出现最坏结果将无法挽回。饿着肚子自然想吃嫩草，即使不嫩也可以，这自然是“趋利”。但是，如果现在忍着不由“趋利”走向得利，将来依然有机会完成“趋利”的梦想，满足填饱肚子的需要。在这种矛盾的情况下，小鹿本能地选择完成“避害”的行为，压制“趋利”的行为，从而保存自己。小鹿的行为并非与趋利避害的万物本性相矛盾，相反是趋利避害的生动体现：两害相权取其轻，这次吃不上青草可以再找机会，丢了性命就再也没有机会了！

对不起，我可能过于“理性”，认为小鹿会如此“理性”地进行选择，最终确定必须逃跑。事实是，很有可能小鹿只是在发现饿狼之后本能地掉头就跑，根本没有“考虑”更多的东西。想不以人之心度“小鹿”之腹，在没有充分研究小鹿之类的动物的心理活动规律之前，确实很难。

世上的动物有万千种，它们趋利避害的本性也不是铁板一块，而是在水平上有很大的差异。总体上来说，低等动物的趋利避害水平普遍较低，有的最低等的动物甚至比植物的趋利避害水平高不了多少；比较高等的动物——尤其是黑猩猩这样的——不仅仅有有意识地趋利避害的能力，甚至会在一些情况下，可以制造工具并创造性地利用工具解决问题。换句话说，高等动物能够在一些情况下创造性地趋利避害。

对于动物来说，无论是狮子、老虎、长颈鹿还是绵羊，生命是第一位的，存在是第一位的。我们听说过动物舍己救“子”的情况存在，但是我们几乎没有听说过动物舍己救“非亲非故者”的情形出现。

小时候，我们一般都玩过“老鹰捉小鸡”的游戏。老母鸡就像人类中的妈妈一样，时时刻刻护卫着自己的孩子们。我们还听说过蚂蚁在发生大火的危难之时抱成一团，向没有危险的地方滚去。

“牺牲”在动物身上也出现过。不过，像人类这样能够为了自己后代以外的人而宁愿牺牲自己生命的情况好像没有。因为，人类的牺牲除了本能地保护自己的后代以外，还有很多情况下是受到特别的观念影响才这样做的。这是动物和人在趋利避害上的大不同！

动物的趋利避害通常仅仅是有意识的反应，人类的趋利避害，很多情况下都会有创造性。举个例子，如果一个人认为，当他只能通过牺牲自己，才能够实现自己的更高价值的时候，面对自己认为的最大的利，人类就可能会选择牺牲自己的生命。这体现的是人类趋利避害的创造性思维。

一位妻子，丈夫有了外遇，第三者十分温柔、贤惠、智慧，让丈夫舍不得放弃。尽管家中妻子威逼、强迫，但丈夫心中对第三者无限不舍，放不下，反而对第三者更加怜爱、疼惜。

在问题关键环节，谁能感召成功就是赢家。

生命是一场感召游戏。人们对待周围的事或人基本上离不开三种心态和形式：接纳、拒绝和不置可否。

每一个人都有自己内心想选择的答案和理想，任何外界的推动，都抵不过内心欲望的推动；任何外界的驱策，都比不上内心价值和理想产生的动力。

无论是对别人营销一个想法或一种产品，还是对外营销一个城市或一个国家，都不能忽略人们的内心，只有当人们的内心一起振动、一起共鸣，营销才最有效率和效果。

一个给人坚强印象的男人，在自己的亲人生命出现危机的时候，也会打破“男儿有泪不轻弹”的惯例，流下真诚的泪水。生命的力量总能让人感动，这份感动来自人性。

人从小到大，各种理论让人们学会了分析和理性，让人们走向成熟。但生命原本就是一场感召游戏，在人生这个大舞台上，我们经常被别人感召，也经常感召别人，同时，我们每天都在感召自己。

问题智慧

为什么人是趋利避害的动物？

以情换情，以枪支换弹药

当情感关系出现危机，很多人都会寻求最好的方式、方法。找出符合你们当下所经历的实际情况。但是必须提醒的是：

你投递出去什么，就会换回来什么。

你用爱、感谢、感恩呼唤和感召，对方就会受到内心的感动，并给予责任。

你用温暖去暖对方，那么对方也容易被你融化。

你投递出去的是威胁、抱怨、愤怒，你如何把人挽救回来呢？

同时我想强调的是，你想召唤回来的是人还是心？

Coco的老公喝酒了，两人在车上发生了口角，结果她老公打了她一个耳光。

我问她："然后呢，你怎么办的？"

Coco说："我当时很生气，哭了，给我哥哥打了电话，但是我没和老公动手，就这样这场可能发生的战争终止了。因为我觉得还手也没有用，解决不了问题，关键是还要过日子。如果我动手，那么我们两个人可能就打起来了。我沉默和接受了，对方也就停止了生气。"

还有一位大姐，她的丈夫很爱她，他们一路走过来，共同历经艰难时期，创业打拼，他们有一个22岁的女儿在英国留学。

近几年经济不太好，公司经营困难的时候，恰好他们投资厂房，压力很大。丈夫心情极度压抑，甚至严重到得了抑郁症。

这位大姐性子急、强势，在公司里掌管财务。她趁丈夫不注意的时候，打印了丈夫的手机通讯录，同时将公司账户冻结了。结果两人离婚了，丈夫只获得了极少的财产。

半年后，丈夫再婚了。

在这个例子中你会发现，如果采取另一种做法，或许他们不会离婚。很多情感危机时处理的交换条件很重要，你究竟想拿什么交换？

爱的世界是需要感动、温暖、和谐的。

你的决定源于生气吗?

在有怒气、情绪失控的时候，做出错误的决定，最终遗憾后悔，这种事情屡见不鲜。

我采访过很多离婚者，问他们后悔吗，90%都说“后悔”。

我问及他们离婚的原因，他们说“赌气、生气”。

你会发现，隔一段时间以后，他们的理由已经被“当时生气”这句话替代了，理由不重要了，重要的是，当初的决定是感性的。

很多人离职时也是这样，记得一个部门的员工早上迟到，他的领导批评了他几句，且语气重了些，这个员工就认为领导不尊重自己，执意离职。

一年以后，我问他：“你当初离职后悔吗？”

他说：“当初我自己也是不成熟，其实就一句话的事情，当时大男子主义，要面子。”

是啊，情绪失控的时候，我们依然会觉得自己是对的，还是会做决定。

怎么办?

我没有更好的办法给你，唯一的方法就是延期处理。

这个方面我自己是深有感受的。三年前我处理问题的时候，还不会等一等，做不到等一等再做决定。直到有一天，我觉得自己的人生需要沉淀，需要做更多的事情，明确自己的人生目标。当然过程中会出现很多障碍，但是不知不觉中，每当遇到问题，我都能做到等一等再做决定。

因此，不着急，一切都可能有缓和的余地。

问题智慧

1. 你的决定是因为赌气吗？
2. 男人都是食色动物，你能爱他一辈子吗？

反对意见是在利己还是利他

我们常常讨论问题，也常常辩论问题。

生活中，很多情感关系发生矛盾的时候，我们大部分都处于辩证的状态：

我们为什么不同意，不同意的是什么呢？

不同意的是对方的观点，还是对方不满足自己的标准？

如果是不能满足自己的标准，那么这个就是利己的。

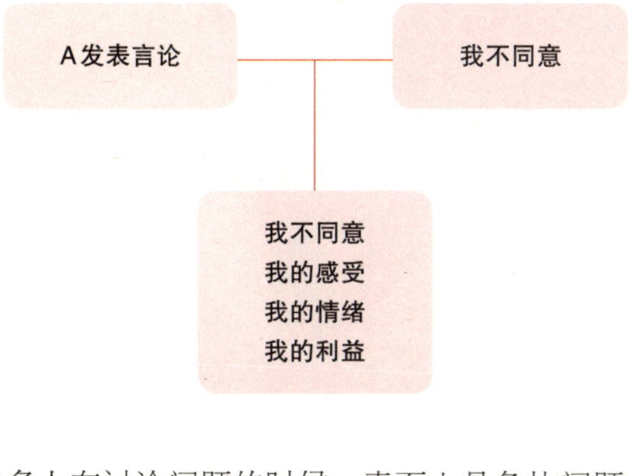

很多人在讨论问题的时候，表面上是争执问题，其实背后是在维护自己的利益。

和一个朋友交流的时候，他说："我们公司有两个高管，其中一个高管，每次讨论的时候，他都是维护自己的想法，我能体会到他利己之心。”

所以，当你辩论的时候，如果你的意见只是利己的，便不能达成共识。思考一下，你真的为对方着想吗？

“给”是最大的“得”

你能在岗位上付出更多吗？

你能在家庭中付出更多的爱吗？

你能为家庭创造更多财富吗？

你能包容更多吗？

你是一个能给予的人吗？

你能给多少，代表了你的能力和实力，不能给，证明你空乏。

人生的最大成就感、价值感、成长、成熟，都是在你“给对方”的过程中得到的。

你给别人知识，换来了别人对你“老师”这个角色的尊重。

在情感关系的世界，你想给别人什么？

你愿意给别人什么？

这是个不断重复的问题。你“给”的程度决定了被需要的程度？

提醒你哦，给对方责任感和承担责任的勇气，这也是在“给”。给信心，给勇气，给鼓励，给温暖。

发生情感危机的时候，我们依然要面对这个问题：你能给对方什么？

被折腾没的情感

一对夫妇，他们有一个五岁的女儿，原本可以一家人幸福地生活在一起，可是妻子对丈夫说："你不像以前那样爱我了，不像以前那样细心了。"于是，生活中他们开始频繁地因为一些小事而吵架。

丈夫感受到的是爱人总在无理取闹，很无奈。

于是两个人选择了离婚，妻子带着孩子出去租房子住了。

分开的半年里，两个人经常联系。一年以后，他们复婚了。

我们看到的这个例子还是幸运的，最后两个人复婚了。

现实生活中，有多少个家庭，因为折腾，原本幸福，最后破裂了，原本富足，最后负债了；有多少人，原本拥有美满的人生，但是因为贪婪、不满足、不负责任的折腾，最后毁了家庭，丢了幸福。情感就这样被我们折腾没有了。

问题智慧

1. 你正在无理取闹、折腾自己的情感关系吗?

2. 你正在折腾着你原本美满的人生吗?

3. 情感关系中，你是在建设还是在破坏?

双赢思维是一种能力

如何更好地达成合作？

合作中，如何更好地维系感情，使之持久？

情感关系出现危机时，如何完美地处理问题？

如何成为处理问题的高手？

——赢在双赢思维。

为何合作失败？

为何合伙人分道扬镳？

为何情感关系产生危机最后双方闹到法院？

——输在双赢思维。

杨丽的老公在部队工作，一次出差的机会，他遇见一个“红颜知己”。杨丽知道老公背叛了自己，于是打电话给自己的哥哥，让哥哥和自己一起去了老公的单位，找到老公的领导投诉。结果单位领导知道后，便撤销了杨丽老公的晋升计划，让他复员回原籍。

杨丽选择和老公离婚了，独自带着不到一岁的女儿生活，又忙于工作，非常辛苦。

我问：“你后悔吗？”

杨丽说：“后悔，如果当初我选择接受，不把事情闹大，他不会复员回原籍，我们也不会离婚。现在想想，事情原本没有那样严重。”

多少人，一遇到问题就是想让对方没有面子，让对方失去，让对方输得一败涂地，最后可能连自己拥有的一切也失去了。

记得每次我公司的员工入职的时候，我都会说这样的一段话：“亲爱的，入职时签订的劳动合同，不是打架用的，也不是为了较真用的，就像结婚时拿的结婚证也不是为了离婚用的，而是合法夫妻的证明。所以我们不要在合同上较真。”

我是学习法律的，但是从来不想较真，较真、讲细节是律师的事情。遇到问题和困难需要沟通，只要我们愿意，一切都可以说得明白。我们需要双赢。

曾经有一名员工离职时一定要打官司仲裁，我说去仲裁，企业给了你钱，拿出了资金成本，而你失去了时间、名誉。你是赢了还是输了呢？

生活是一场修行。每次遇到问题，关键时刻，我们能否具有格局、高度、胸怀、双赢思维，妥善地处理问题？如何成为处理问题的高手？

赢在双赢思维。

爱是一种选择

人生没有完美，只有完整。

恋爱初期，我们会用几个标准来选择和评判，不能很好地磨合的时候我们会选择分手。

婚后，夫妻在家庭中因日常琐事会存在很多意见分歧，会发生矛盾，会出现很多我们不喜欢、不愿意、不够好的情况，我们上千次地想分开、离婚。

我们身处一个环境中，甚至一些朋友、公司的同事，也会令我们心中充满意见，不接纳，此时我们的态度表现是不愿意沟通，拒绝沟通，不愿意配合。

但是，突然有一天，你却发现这些人这样的可爱，他们或许任性固执，或许情商很低，或许不善于沟通，甚至有点自私，但是他们依然有着很多可爱的地方。朋友相处时的情投意合，都是你愿意、你喜欢、你内心世界做出的一种选择而已。

我采访过这样一个姐姐。

我问她：“你们生活中有矛盾吗？”

她说：“当然有了，我们经常有矛盾，很多价值观、习惯都不同，经常会发生争吵。”

我问："那么你说说你先生的缺点吧？"

她说："我先生至少有八项致命的缺点。"

我问："你为何不离婚呢？"

她说："他有优点，一、二……我选择了他的优点，也许他的优点依然不能成为最重要的，但是我选择了他；我选择接受，当然这种接受不是忍耐，而是内心真正地接受这个人。所以很多时候出现问题，我自己就能想明白，不用别人安慰，因为我从来都是接受他的，我具备自我调整和修复的能力。"

情感关系面临危机时，我们究竟如何处理和面对？是啊，我们说了这么多方法、技巧，很多时候，我想原因不重要，过程不重要，重要的是你要不要继续这段关系。

纵然缺点千万个，我们依然面对，依然不离不弃，我想这也是我们中华文明精髓的体现，我们学会了接受和接纳，学会了负责任。在人生关键的那一刻，你的态度、你做出的选择是什么？

如果你需要，一旦你选择接受，你会发现你的所有决定、做法、想法都是围绕目标而采取的行动。当你选择了接受，选择了爱，一切问题都将过去。

实际上，所有的相遇都是久别重逢，所有的停留和离开都是生命必需的往复。

没有人可以免于悲伤、恐惧、害怕、失去、分离，或早或晚，都会经历。我们最大的痛苦往往不是痛苦事件本身，而是在经历痛苦时，我们对自己说了什么，给自己演绎了什么故事，预想了怎样的悲惨结局。

很多痛苦不是源于事件本身，而是源于对抗。而你终将明白，在接纳中饱含着生命真正的智慧。

对抗是一种消耗，对外是消耗，对内是更大的消耗。生活之所以被各种事情搅扰，绝大多数时候正是因为我们花了太多的时间和精力对抗自己。我们真正需要的是自我发现、自我接纳、自我负责、自我创建。

如果我们能够像海一样，接纳包容人间的所有冷暖、喜怒哀乐、悲欢离合和各种无常；能够像山一样，任凭风吹雨打、阴晴圆缺、寒冬酷暑，都岿然不动；还能像山间充满活力的鲜花草木，不问前程，不问是否有人瞩目停留，只管吸收阳光雨露，散发氧气和芬芳，就不会随人世而时刻飘浮。

爱是一种能力，爱是一种格局，爱是一份责任，爱更是一种选择。

我们是否愿意选择爱，选择接受，选择允许？

第七章

坚守初心，留下幸福

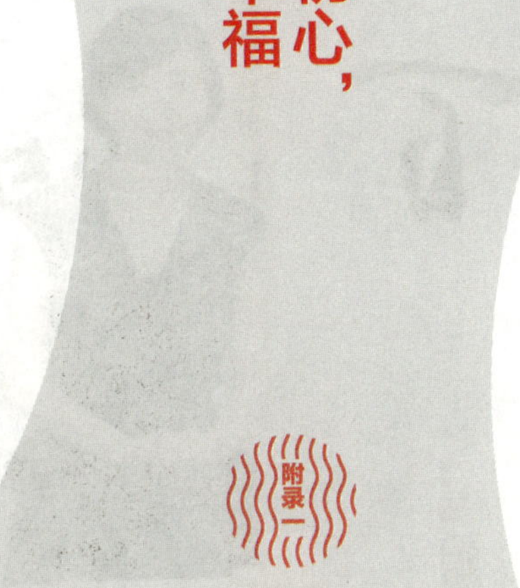

附录一

202则黄金经典语录

感恩，祛除理所当然的想法才会幸福

感恩源于知足，知足常乐才会幸福。不感恩源于不满足。

当一个人在心理上不满足的时候，就会向别人不停地索取，总以自己的标准来要求别人。当这种标准得不到别人认同的时候，就容易与他人产生摩擦，发生冲突，矛盾就由此激发和升级了。这时就容易在心理上失衡，就会产生自私、贪婪、嫉妒等心理表象。不懂得感恩，怎么回报别人？

对当下的一切没有感恩之心的时候，源于你根本无法接受或者不满足于你得到的，你内心对现状是嫌弃的，不接受的。所以没有感恩的心态。

感恩是一种品质，感恩也可以成为一种习惯。有时候，对某件事我们感恩，但是遇到其他的事情，我们做不到感恩。如何让感恩成为习惯，是一生的修炼。

感恩是一种选择。

感恩是一种能力。

那么，生活中，如何拥有一颗感恩的心，如何在感谢别人的同时也让自己得到温暖呢？

这里举几个例子来说明感恩与情感关系建立的重要性。

记得有一次，我到北京八大处灵光寺游玩，远远看到“平等”两个字，楼台上有一个许愿台和一个还愿台，一刹那我忽然明白了其中蕴含不易察觉的平衡性：许愿是向神佛要求一些收获，而还愿是向神佛感恩还礼。这其中有着获得与回报平衡的深层含义。

我有一个朋友，她家庭条件很好，而她的老公条件不怎么好，她曾经告诉我：他条件差，家庭条件又不好，他就应当对我好。我就是他的公主，至高无上，他应该无条件地爱我、关心我、照顾我，这一切都是应该的。

在生活中，我们总觉得父母为我们所做的一切都是应该的，觉得夫妻关系中对方做的一切都是天经地义的。事实上，没有什么事情是天经地义的。认为别人为自己做什么事都是应该的，是自私和贪婪的表现。感谢对方，让对方得到情感回馈，对方心里才不会生出怨恨，人际关系和情感关系才能得到维护，才能获得长久的幸福。

就我个人而言，我心里一直存在一个理论，就是这个世界上根本不存在完美的个人，更不会存在完美的夫妻和完美的夫妻关系。因此，这个过程中一定会出现不认同、不接受、不理解，甚至争吵或辩论，等等。

这个过程中，是我的先生对我的要求，使我得以调整、成长，走向成熟。让我通过对生活、感情的不断理解，从一个极其普通的女性，到今天拥有了“女性思维意识”，懂得如何做女人，打开人生的智慧之门，成为一个成熟、有智慧的女人。

先生的高标准，给了我世界上最具价值的情感，也让我对成功的情感关系有了全新的认识和体验。都说女人是男人的学校，男人何尝不是女人的学校？我深刻体会到，最具价值的情感关系就是令彼此成长，一起走向成熟，互为彼此生命里的“塑造者”。

在这里，我想说：亲爱的，谢谢你！我也将是你今生最好的作品。

情感关系中遇到困难不可怕，遇到问题不可怕，可怕的是，我们没有借此机会反省、成长、感谢一切的发生。感恩是一种心态。

很多时候，是因为一件事情令我们感恩。如何做到持续感恩，让感恩成为一种习惯？

一个人只有祛除“理所当然”的想法，懂得感恩、回报他人给予的爱和温暖，才能在自己设置的标准里活得更加滋润和满足。人生的幸福感也终将在感恩中得到净化和升华。

问题智慧

你感恩他/她的什么？这些使你拥有了怎样的挑战和成长？

“珍惜”总在失去和遗憾之后出现

“珍惜”是我们常常听到的一个词语，比如我们可能常常听到“你要珍惜你的老婆，她很在乎你”“你要珍惜你的工作，这么好的待遇”诸如此类的话，但是珍惜真的与好坏有关系吗？

其实，我们都是在失去之后才会想到珍惜，而拥有的时候很少珍惜。“这辈子没好好珍惜，再给我一次机会，我会说爱你一万年。”珍惜的对面是贪欲。离了之后再结，还是会出现问题，辞职了重新找工作，还是会不认真工作，因为自己内心里想要的太多，永远处于不满足的状态。

过去我们的生活受到限制，20 世纪 90 年代，没有智能手机，没有微信。现在我们走进了互联网时代，信息越发容易获得，人们比较的机会多了，挑选的机会多了：职场中，跳槽的机会多了；婚姻里，离婚的也多了。先不说究竟是什么问题，或者出现了什么矛盾，我们究竟是否需要珍惜？如果不珍惜，换来的将是不断的选择。如果不珍惜，我们是否可以承担这个结果，坦然看待曾经的付出？

我们之所以在失去之后才会想到珍惜，拥有的时候做不到，源于我们不知道失去的感受。

当我们欺骗、抗拒，斤斤计较，遇到事情据理力争，不停地抱怨，不能容忍对方的过错，不能包容和做出让步，不信任对方，怀疑、监督对方，我们要明白这些都不是珍惜的表现形式。

感情是用来珍惜的，而不是用来挑剔的，也不是用来评判的。

有一对恋人，两人经常吵架，冷战，不沟通，互相怀疑。两人冷战后还彼此牵挂。

有人说，是爱得不够；也有人说，多少家庭、合作伙伴都是在消耗情感，而不是在建设？

人们为何做不到珍惜？是贪欲吗？

人们为何做不到珍惜？是选择机会更多吗？

人们为何做不到珍惜？是我们当下拥有的真的不够好吗？

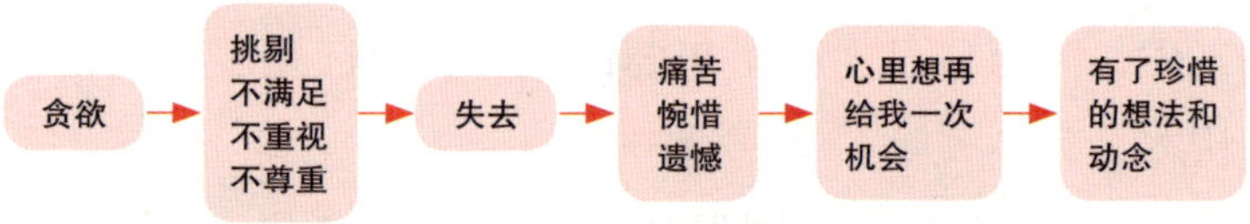

很多时候，“珍惜”总在失去和遗憾之后出现。无论在生活中还是工作中，我们把更多的精力和时间用于指责、抱怨、挑剔对方，而不是用于珍惜与对方的缘分，珍惜所拥有的一切。

一只鸽子爱上了一只燕子。燕子说，你能在我屋檐下守护100天，我就接受你。于是鸽子就在屋檐下守护着燕子，1，2，3……到了第99天，鸽子离开了。

鸽子妈妈问鸽子，为什么不坚持到最后一天？鸽子的答案很感人：“我用99天证明我的真诚，但我用最后一天捍卫我的尊严。我再稀罕你，对你好，你若不珍惜我，我也会放手的。”

无论是爱人，还是朋友，或者亲人，都是如此，只有懂得珍惜，才配拥有！

问题智慧

1. 人们为何做不到珍惜？
2. 人们如何面对诱惑？
3. 人们如何在贪婪面前守住自己？

坚守才能赢得未来

我曾经采访过一个朋友，对话如下。

我问："你爱你的丈夫吗？"

她答："不爱。"

我问："那你是如何看待你的家庭和婚姻的？"

她答："我认为婚姻没有完美的，只有完整的。我和我的丈夫是亲情，但是我认为亲情大于爱情。而且接受一切，接受不等于是忍受，是我内在的接受。

"重要的是，我一直给自己一种心理暗示，就是：我的人生是不会离婚的，无论如何都不会离婚。我是一个传统的人，家庭给予的安全感是第一位的，因此纵然我们会有矛盾，也不会思考离婚这样的事情。所以，我的家庭也不会出现大的动荡。"

下面是我与另一个女孩的一段对话。

她说："艳桦老师，我老公出轨了，我好痛苦，想杀了他的心思都有。"

我问："摆在你眼前的路有两条，一条是立即离婚，不要有情绪，回去只办理离婚手续，多余的一字不要说；另一条是接受，完全的接受。你怎么选？”

她说：“我接受不了。”

我问：“那你害怕离婚吗？如果离婚，你会要什么？”

她说：“我不怕离婚，只要给我房子和钱就行，孩子也无所谓。”

我听了……

其实，这已经是这个女孩的第二次婚姻了。

可见，离婚也会成为习惯，失去也会成为习惯。

很多家庭，本着一份坚守，以及对于“家庭”概念的担当、重视，便一路走到了未来。也有很多人认为无所谓，所以中途出现了一段又一段波折。

坚守就有结果，放弃就会失去。

源于盲目、嫌弃的失去

小月 33 岁，结婚 4 年了，两人都是公务员。

上进的小月渐渐觉得自己的老公不进步、不向上，觉得老公的价值观和自己的真的不一样——离婚。

在离婚的时候，小月的父母哭着说：多好的人啊，认真工作，对家庭也负责任。

但小月坚持自己的“价值观”，离婚了。

不要认为这不可思议，生活中，很多婚姻就是以这样的方式结束的。

很多人也许无法区分和识别自己是真的进步了，还是假的进步了。

我经常说：很多人强了，不是用来支持别人的，而是用来嫌弃别人的。这个案例就是一个典型的例子。

感觉自己上课回来后提升了，却没有将上课的收获用于改善生活，而是用来伤害、破坏、嫌弃、做减法。

有人说：艳桦老师，很多人确实价值观不同啊？

你看，以结果为导向：后来的后来，小月离开了公务员岗位，去做了两份销售工作，结果还负债，满脸的川字纹……

盲目地面对生活，没有去做区分和识别，没有爱的支持，结果财富和感情两空……

问题智慧

1. 你们的矛盾是源于嫌弃吗?
2. 你们的离开是源于嫌弃吗?

源于任性、虚荣心的失去

我的一个女学生，陕西人，有一个女儿，在一家国企上班，原本生活还算过得去，有房子、有孩子、有家庭。

我问她：“为何离婚？”

她答：“我觉得我丈夫和我价值观不同，我就想闯一下，挣更多的钱，所以离婚，来了上海。”

我问：“上海有朋友吗？现在收入怎么样？”

她答：“没有什么朋友，最近收入也不理想。”

我问：“那么你不如回陕西，那里至少有你的孩子，你的父母，有你的朋友。”

她答：“我在上海还没待够呢……”

很多人也许因为任性、内心的不平衡，不服气、不服输，自己跟自己较劲，选择了放弃当下，甚至走向另一条路。

很多人也许因为虚荣心，不知足、不满足，走向了挑战。

原本可以拥有完整的当下，却源于任性、虚荣心，输了人生，丢了未来。

附录一

202 则黄金经典语录

1.如果你“真的爱”就一定不会允许对方走向堕落。

2.你和你的另一半是在互相“引爆”，还是在互相“消耗”呢?

3.如果在一段情感中个人没发生任何变化，还是一样任性、随意，对什么都不在乎，那么你们就是白相处了。

4.如果两个人都在感情中学会了包容和妥协，学会了珍惜和付出，懂得了感恩，感受爱与被爱，那么不管结果如何，这段爱情已经是高质量的作品了。如果两个人在相处时能够不断总结反思，走向成熟，不再随心所欲，那么这段感情也是具有价值的。

5.如果一份感情能让我们不断地改变自我、提升自我，为人处世的技巧也不断获得进步与成长，那么这是一份成功的感情。

6. 如果一段情感没有令双方改变、成长，再如胶似漆，这份感情的力量也是单薄的，是对彼此情感的辜负和浪费时间。

7. 好的爱情的标准，就是让彼此成长。

8. 爱如果能成就一个人才是伟大的爱，因为需要无私的支持、鼓励、欣赏、包容。

9. 爱是一种选择，亦是一份责任。

10. 我们往往被那个真正“善良”的人感召。

11. 善良是人最后的底牌，是最后的赢家。善良的人会像花一样绽放。善良，是一种选择，更是信仰。

12. 自己内心世界没有温度，又怎能温暖别人？

13. 家庭是需要温暖的，你是暖人还是冷人？

14. 温柔是“真女人”的最重要的标志，但温柔绝不是行为层面的不发脾气、说话发嗲。真正的温柔者内心深处一定是善良、慈悲、有悲悯心的，是爱着的。

15. 想改变外在，先改变内在，眼睛是心灵的窗口，相由心生，再美容也替代不了骨子里的温柔、慈悲、温暖。

16. 真正意义上的成熟不是你经历的多、见识多、年龄大了，而是当你遇见事情、处理问题时能否有胸怀、高度、格局，能否包容别人、理解别人，替别人着想。

17. 情感关系的失败很多时候败在你真的不够“成熟”。

18. 没有格局，拿什么去爱别人。没有胸怀的人情感关系也不会太好。

19. 当你没有胸怀时，呈现出来的全是你的标准、要求、刻薄。

20. 好性格永远都是建立人际关系的敲门砖。

21. 谁说越付出，男人越不爱。明明没有用对你的爱，最后说是付出惹的祸。付出什么没关系，关键是你付出的方式。

22. 你得到多少取决于你自身拥有多少。

23. 一旦你认为“得到”理所应当，你也会理所应当地得不到。

24. 你不自信，没有人看得起你。你要自己看得起你自己，不然你就永远无法抬起头、挺起胸，慢慢地你就成了乞丐。

25. “珍惜”素来是在“失去或遗憾”之后出现的，没有失去根本无法体会珍惜。

26. 什么是爱自己？不是纵容自己，让自己任性，而是把自己爱出真、善、美！爱出正能量！爱出感召力！

27. 如果你是“真”的“爱”他，那么这份爱一定会开花结果的。

28. 多少人的人生因为“选择”付出了代价，因为“无能”付出了底价，多少人因为“感觉”而做出错误的选择。

29. 选择那个因你“自身缺少产生的需要”，而不是你“感觉需要的”，才是真正的“凹凸互补”。

30. 相同的性格会让你喜欢和舒服，物以类聚，人以群分，不同性格的互补让你进步，成为彼此真正需要的人。

31. 喜欢上一个不喜欢你的人，就意味着一场漫长的失恋。

32. 只有做减法，才能让你拥有更多良好的关系。

33. 情感关系中，很多人拿“三观”来作为选择标准，但好的情感关系中往往都不是按照“三观”标准来到身边的。

34. 接触越多，越难选择，选择需要的是做减法。你越安静，选择的质量会越好，也会越容易选择。选择不好是能力问题。

35. 懂自己，不是了解自己的性格，而是能够认识自己做事情的动机和初心，以及懂得自己的弱项。

36. 强强联手固然是好事，趣味相投也是好事，但往往“凹凸互补关系”更加合理，具有持久性。

37. 我们不是寻找同频，而是要创造同频。

38. 爱不是寻找一个“合适”的人，而是创造一个“合适”的人。

39. 爱情不是找来的，爱情是创造出来的。

40. 已经 30 岁了还没有找到真爱，是妥协还是坚持自己?

41. 做到自控有时在于你的选择，有时需要臣服于自己。

42. 情感是需要经营的，经营是需要管理的，管理是需要能力的，能力是需要提升的。

43. 在情感世界中，很多人是有想法却没办法的。

44. 爱是需要能力的，爱情里没有人能帮助你。

45. 想爱别人，自己先具备爱的输出能力、生产力，没有人愿意去爱一个空洞的冰雪冷人，这是吸引力法则。爱是被没有爱的能力的人破坏的，“婚姻”本身不会破坏爱。爱被破坏，要么是当初就没有爱，要么是因为缺乏爱的能力。

46. 多了解爱的艺术，提高爱的能力，拥有爱的格局与高度，爱才会成长，婚姻才会成为让爱成长的空间。

47. 多少人是因为没有爱的能力，最后找了一句“不适合”来承担结果?

48. 结婚不是药，救不了软弱的人。

49. 无论是生活、情感、事业，自我营销的能力永远是必需品，人生就是一场感召的游戏。

50. 无论情场还是职场，都要具备被认可的能力，具备成为重要角色的能力，这一点是通用的。做好自己的实力建设才是正道。

51. 情感关系/合作关系中，你是否具备让别人“习惯”了你的能力，习惯信赖你，习惯依靠你，甚至习惯被你要求。

52. 爱情也好，婚姻也罢，如果不是互相取暖、互相需要，那么一方永远会被另一方忽略，不被需要就没有存在的价值，被替换就会成为定局。

53. 拥有被认可的能力，你也便具有爱他人的能力。

54. 看到对方的优点是一种能力，而我们日常评价别人时70%谈论的是别人的缺点。

55. 在一起，你能给对方什么，你给了对方什么？对方的感受是什么？你存在的不可替代性是什么？你问过对方吗?

56. 女人最大的性感不是容颜，是不随时间消逝的魅力。

57. 一个真正有魅力的女人，她的魅力不仅能征服男人，也能征服女人。因为她身上既有性的魅力，又有人的魅力。短命的爱情里时常有个不上进的女人，能力是永远开不败的魅力。

圆满的爱

58. 你能给人带来愉快的氛围吗?

59. 激发别人的慈悲之心，你自己又是何等的格局与高度。

60. 你真的会鼓舞人吗？鼓舞别人从来不仅仅是赞美，赞美是语言，让人喜悦，感受到被尊重与认可。

61. 鼓舞士气需要来自你自身的正能量、正言、正行，以身带动的力量。

62. 成为真正的激励大师，需要一辈子的学习、成长和修行。

63. 记得给对方点赞，让我们变得更加善良、美好。

64. 相比激励和正面语言，人们往往更擅长和习惯表达失望和不满。

65. 担心也是一种诅咒！怀疑有时会成为事实。

66. 当你赋予了这份爱更多的杂念和贪欲，它便会回报给你诸多乱七八糟的东西。

67. 如果是站在“认为对方有问题”的角度，而不是“爱”的角度去引导对方成长，是很难帮助对方的。

68. 如果你真的爱他，就接受他的存在，用对你的方式。

69. 用对你的爱：你爱的方式、爱的对象、爱的初心。

70. “理解他人”挂嘴边，你就是做不到。其根本原因是，每当事情发生时你做不到站在对方的角度去思考。你的情绪、你的自私阻碍了你的换位思考。

71. 拥有高情商的要素：淡定、替别人着想、双赢思维、令人舒服、不激化矛盾。

72. 高情商的人使身边的人感到舒服，只对客户情商高，那是功利心。

73. 不能控制情绪的人，做事不经大脑思考。冲动就远离了成熟和智慧，所以情绪是你智慧不够的结果。

74. 情商不高的典型例子：对陌生人毕恭毕敬，对亲近的人随意发怒……

75. 情感关系中人情世故是关键。

76. 让别人愿意和你在一起，先问自己是个有趣的人吗？

77. 成为处理问题的高手，不激化矛盾是第一步。

78. 度是情感交往的一种境界。

79. 情感关系/合作关系，不要给对方太大的压力。过分疏忽没有安全感，距离过近会令双方无法呼吸。

80. 爱不是控制，是释放。

81. 女人犯的最大的错，就是将男人限制死。最后还抱怨男人没出息！

82. 一个男人没有成功，是因为还没有遇到引爆他的女人；一个女人之所以没有绽放，是因为还没有遇到点燃她的男人！

83. 你的情感是被自私、索取、推卸责任摧毁的吗？

84. 很多人以“爱”的名义去占有和控制对方，这样的爱本身就已经变质，失去了爱的味道，对方怎能珍惜和体谅？

85. 你的“爱”是一种慢性毒药吗？爱原本是开心、快乐的，但是当“爱”成为一种慢性毒药后，那又会是什么样呢？

86. 什么情况下，爱会变成一种慢性毒药呢？一是十分自私的爱，二是过分压抑的爱，三是不信任的爱。你是哪一种？还是都具备呢？

87. 多少人以爱的名义成全着自己的自私。过分自私、过度控制的爱，已经不是爱了，那是束缚、压抑、伤害，这会成为一种慢性毒药而侵蚀你们原本健康的爱情，你想过吗？

88. 很多人爱的不是那个人，是那个人给你的好，因为对方满足了你的需求，而不是发自真心不由自主的吸引！所以我们经常问：你爱的究竟是什么？你只是喜欢别人对你以爱的名义产生的所有行为，而不在乎对方的内心，所以，你爱的是你自己！

89. 世间没有替代不了的人，是因为你特别的眷恋和好感，才让对方变得那样无法忘却，占据你内心，所以你忘不了的不是别人，而是让你觉得自己独一无二的存在感。

90. 明明知道对方根本不在乎自己，却迟迟不肯离开、放弃？问问自己究竟是什么原因？

91. 爱只能用爱去换，如果爱一个人，却没有唤起对方的爱，那么这种爱情是没有任何力量的。

92. 在情感关系里永远不要使用以毒攻毒！

93. 人是趋利避害的动物，情感关系中只有以情换情，以枪支换来的一定是弹药。

94. 生活中为了争出彼此的对错，宁愿失去和平，也选择争执，最终让那份爱成了代价。

95. 说狠话、做狠事，只会把情感逼上绝路。很多情感关系的破裂都是被逼的。

96. 相互欣赏才能让关系更和谐。相互批判只能让关系更远。

97. 同修、同频才能同渡。

98. 亲密关系中，经营感觉比经营感情更重要。

99. 打造坚不可摧的情感关系，文化是关键。

100. 没有家庭文化的家庭，是存在质量问题的。

101. 情感关系中一定存在不满意，情感满意度是需要回访的。

102. 不要用你的标准来看整个世界。

103. 情感关系中的不接纳、不信任，“要求”成了你情感关系的模式。

104. 你的死穴让情感产生危机，你的缺点成为毒品，不改变、不进步，被淘汰是早晚的事。

105. 心口不一地伤害，同样是不成熟的表现。

106. 释放容易，节制难。

107. 越付出，越负责任；越付出，越不舍得丢下和放弃。让他更爱你，就让他付出、负责任吧。

108. 经营情感关系的金钥匙就是：令对方舒服（人们要的是感觉）。

109. 爱情和婚姻赢在智慧，输在愚蠢。

110. 当人们在被迫失去的时候，第一反应常常会问"凭什么"，也同样会计算得失，正因为认为亏本了，所以便会情绪失控。

111. 竞争对手是我们最好的学习对象，但是人们往往不虚心学习，反而用妒忌的方式去憎恶对方。

112. 真正平和后再做决定，一点都不晚。可是人们做不到，因为太心急了。

113. 很多决定不是内心的真实想法，而是情绪的产物。

114. 人家优先妥协不是因为懦弱，或许因为爱得更多些，或许是因为比你更有格局。

115. 先问问自己，提出反对意见的初心是什么？反对的是意见本身，还是反对那个人？

116. "给"才是最大的"得"，退步也许才会更快见到阳光。

117. 出了问题都要自己解决，你不解决就要承受问题带来的麻烦和困扰，如果你既不愿意解决又不愿意承认，只有上帝知道该怎么办！

118. 有一种失去是人为失去的，那就是你无法控制你的情绪、你的心态，导致错误的行为，最终“失去”成为必然。很多婚姻走向尽头都是被迫的。

119. 你的头脑不是你的头脑，你的情绪不是你的情绪，很多时候我们被自己骗了，蒙在鼓里，所以我们的决定是错误的。

120. 如果你失去了一样东西，先不要怪别人，一定与你自己有关，要么是你没有能力拥有，要么就是你自己本身不配拥有。

121. 不要伤害现在陪伴在你身边的人，过去的虽美，但在你身边的才是最好的，因为珍惜和陪伴你的人永远都是“进行时”，而不是“过去时”，能够在你心灰意冷的时候陪伴你的人，才是真正适合你和最珍贵的人。

122. 不管对方做了什么，一个巴掌总是拍不响的，即便所有的一切都是对方的错，最大的错永远在你自己身上，为什么？你应该问问自己当初是蒙了心还是瞎了眼？

123. 有人说，勇气分两种：一种是冲动的勇气，脑子一热什么都干得出来；一种是了解的勇气，所以说，了解之后还坚信，才是坚定。

124. 情感关系中的不接受、抗拒，都是源于爱得不够。

125. 一个人的爱情注定是一场悲剧，因为爱情是两个人的事情。

126. 爱情是两个人浪漫幸福的天堂，婚姻是为了这个天堂更美好而定下了一个约定——结婚证。

127. 我们都有缺点，所以需要彼此包容。

128. 人是很容易走向不爱、不慈悲的，此时我们应怎么办？

129. 真正爱你的人，才会较劲，因为对方知道“哪壶不开提哪壶”。

130.人之所以痛苦，在于追求错误的东西。所以佛会说，庸人自扰。

131.你不让自己烦恼，别人也永远不可能让你烦恼。因为那是你自己的欲望和贪婪，你放不下。

132.人有很多时候会纠结，原因也许你还没有下决心，无论是选择爱还是选择恨，都不会再纠结，怀疑和抱怨是痛苦的根源。

133.有一种放弃是因为自己无能，有一种挑战是针对自己的人性、迷惑，最后让爱作为代价。

134.当你爱情中的痛苦超过喜悦的时候，便是你爱错人了。

135.情感关系破裂后，多少人情绪失控无法自拔，源于一个心态：赢得起，却输不起！

136.人具有一个很大的能力，就是演绎的能力，人们往往只看到自己想看到的东西。

137.做自己的英雄，不要为了爱冲破自己的底线，越忍越糟糕。

138.不要因为我爱你，就对我变本加厉。

139.别为了不爱你的人，演绎你不擅长的人生。

140.只有夫妻之间的爱情转化为亲情时，婚姻才可称之为婚姻，才会稳固。

141.婚姻是一条船，而爱情和孩子是两块最重要的压舱石。

142.与自己达成和解，才是幸福生活的前提！

143.结婚只是个逗号，不是句号。如果和老公相处不好，婚姻便不会幸福，可能最后还会失去这个男人哦。

144. 男人强大的时候女人要柔得跟水一样去灌溉男人，让自己的男人成为天底下最男人的男人。

145. 男人弱的时候，女人要像母亲孕育孩子一样把你的男人孕育成王者。

146. 任何情感关系中，都需要双方一起努力、用心、珍惜，遇到困难双方一起想办法，而不是轻易放弃。至少未来某一天回头望时，能够告诉自己做到了足够努力，不是后悔和遗憾。

147. 当你真正决定了要去做一件事或解决一个问题，那就尽全力去做，就算不能达到你预期的目标，你也不能选择逃避，还是要认真且努力去做。在这样的过程中，你可以认清自己的不足，看到生活最残酷的一面，最终知道自己想要的和能要的是什么。

148. 人们常常把性感的真正含义扭曲了，什么叫女人的性感？

149. 年轻的女人往往只有性，但没有性感。

150. 性感是一种感觉，是一种魅力，它是可以力透纸背，穿越年龄的局限。

151. 性只是有肉的欲望，性感则包含人格的魅力。

152. 缘在天意，事在人为，很多缘分（亲情、友情、客户）是被你折腾没的。

153. 温柔可以伪装，浪漫可以制造，美丽可以修饰，只有心疼才是最原始的情感，才是发自内心的感受。

154. 你是你自己的作者，又何必写那么难演的剧本。

155. 关系懈怠一旦出现，就会形成负面循环，如果不打破这种循环，懈怠的程度就会越来越严重。

156.生命中总有那么一段时光，充满不安，可是除了勇敢面对，我们别无选择。

157.有的人对你好，是因为懂得你的好。有的人对你好，是因为你对他好。

158.若要幸福，只有用心经营，真心对待，没有捷径。

159.爱情有时很坚韧，可以经得起苦难，但是爱情有时也很脆弱，经不起欺骗。

160.如果不是对方回心转意来找你，你的主动只会让对方更想逃避!

161.真正的爱，是牺牲了自己某一部分，来成全对方，让对方变得更好。

162.幸福那么缺货，请别肆意挥霍。

163.人生中要走很多路：有一条路不能回头，就是放弃的路；有一条路不能拒绝，就是成长的路；有一条路不能迷失，就是信念的路；有一条路不能停滞，就是奋斗的路；有一条路不能忘记，就是回家的路。信心满满地走好脚下的每条路。

164.不管环境多么纵容你，你都要对自己有要求，保持一种自律的气质。或许它暂时不能改变你的现状，但假以时日，它回馈给你的一定让你惊喜。对自己有要求的人，总不会过得太差。

165.责任面前无抗拒。

166.千万别跑到别人生命里当一段无足轻重的插曲。

167.人生来就需要情感关系，最重要的关系就是和自己的关系。

168.和情绪不稳定的人在一起，就是一场灾难。

169.记住：那些所有你以为过不去的坎，早晚都会过去。

170.没有理解的爱就不是真爱，我们不理解的人，是不可能爱的。

171.你如果真的想要一个东西，你就放手一次。如果它还能回来，就属于你；如果回不来了，就不属于你。

172.很多情感关系，是被自己折腾没的，你在建设还是在破坏？

173.情感关系中我们最大的挑战就是接受不同、接受不完美，需要我们不断成熟，拥有智慧、胸怀、格局才能实现。

174.一个人生不完整的人，心智总会缺失，所以为了那份完整和成熟，我们也要学会接纳一些人和事物。很多人为了追求完美，失去了人生的完整。

175.嘴上不留情，婚姻就无情；处世不留情，结果就无情。爱一个人，就不要用恨和伤害去表达，那只会加深彼此的痛苦，把爱变成伤害。

176.相遇在天，相守在人，珍惜在心！

177.人心就一颗，真情就一回。

178.爱情这件事不容易，毕竟对方是你无法掌控的。

179.爱情很特别，有的感情是瞬间发生的，有的需要很久才发生。

180.有的人在自己的人生逐渐走向终点时，才对身边的那个人说了一句：想不到爱你竟然成了我这一生的宿命。

181.智慧是一种结果，拥有智慧需要三个层次：意识之门、懂得之门、做到之门。

182.工作、生活中需要的能力都具备了，距离智慧的大门也就不远了。

183. 无论最终结局怎样，要记得，认真的钥匙才能开启高质量情感的大门。

184. 认认真真开始，踏踏实实付出，坦坦荡荡接受，不苛求、不抱怨。

185. 如果一开始就没有主动权，那么未来想扭转局面基本很难。

186. 管好自己的事，不要为别人瞎操心，因为这世间除了你自己，你谁也改变不了！

187. 生命赋予了我们灵魂，却没有教会我们如何走，关于情感的路，需要的是两个人风雨同舟。

188. 男人对女人的伤害，不一定是他爱上了别人，而是他在她有所期待的时候让她失望，在她脆弱的时候没有给她应有的安慰。

189. 当你的“真我”出现以后，你会发现自己的爱好、言行举止，乃至人际圈，都变了。你迎接来的情感关系也是真实可靠的。

190. 真正合适并持久的情感都是彼此相处时不戴任何面具，无限真实的两个人。如果从开始就戴着面具就是“不合适”的信号。

191. 有一种性感，是这个女人是否有与人亲密的能力和解决问题的能力。

192. 情感关系里，是心与心的链接和触碰，我懂你，你懂我。

193. 不是越成熟越难爱上一个人，是越成熟，越能分辨那是不是爱。

194. 家是心在的地方，愿你的婚姻与爱情，辗转流离不改初衷！我想，这才是“家”存在的真正意义。

195. 请记住，无论是生活还是工作，与欣赏你、尊重你的人在一起，让看不起你的人，最终成为一个背影。

196. 婚姻是两个成熟的人的结合，不是两个无能的人相互弥补缺陷，两个无能的人只能把日子过得更糟。

197. 我们不是追求幸福，而是幸福地追求生活。

198. 在一段情感关系里一方开始就主动，就得一直主动，另一方就会一直被动，到了谈婚论嫁的地步一不小心就会被杀价！

199. 经营婚姻也一样，选择和投入，就存在亏损的可能性，如果出现这个结果，你需要有承受得起的心态。

200. 在情感世界里，你需要有投资失败的心理准备。情感既是一场投资，又是一场合作。你需要具备投资与合作的资本。

201. 我们真的应该好好向孩子学习，学习他们是如何说话的，是怎样让你拥有了责任、承诺、担当的，不仅仅因为孩子是父母的。

202. 最幸福的爱是陪伴，最成功的爱是成长，最具价值的爱是成就。

附录二

99个值得你自问的“为什么”

1.你拿什么吸引对方？你拿什么感召到对方？

2.你认为好的情感关系的标准是什么？

3.你是“真”的爱对方吗？你是爱他/她，还是爱“自己的付出”？

4.什么是真正意义上的成熟？成熟就是长大了、经历得多吗？

5.在情感关系中，你用行动解读了什么是真正的温柔了吗？

6.情感关系中，你的怀疑引发了什么？

7.你是真的自信吗？

8.你付出了，为何得不到想到的结果？是付出错了，还是你的方式错了？

9.什么是真正的“爱自己”？

10. 你为什么一直找不到你想要的爱情？
11. 你为什么一直没找到满意的工作？
12. 什么思维模式导致你的想法一直未实现？
13. 你的想法能实现，能达到想要的结果吗？
14. 你的生活真的很幸福吗？
15. 你是长得漂亮，还是真的美？
16. 你的核心竞争力是什么？
17. 你的人际关系好吗？什么算是好的人际关系？
18. 有几个闺密就是人缘好吗？
19. 不发脾气就是真正的温柔吗？
20. 你具备人见人爱的性格吗？
21. 情场、职场，你的胸怀和格局被认可了吗？
22. 你的“计较”让你损失了多少？
23. 你是真的心疼他，还是心疼自己的付出？
24. 什么是好的性格？
25. 如何拥有更好的性格？
26. 导致你今天这种性格的原因是什么？
27. 你的性格对你的生活和事业带来的障碍是什么？
28. 你内心的温度是多高？你能温暖别人吗？
29. 挑剔、刻薄与珍惜存在的联系是什么？
30. 你具备选择的能力吗？
31. 你的选择标准是通用价值观吗？
32. 你选择的标准超过三个吗？
33. 当你选择的时候，你够冷静吗？
34. 你真的了解自己吗？你罗列过自己的缺点吗？
35. 你是什么样的人，就吸引什么样的爱情。那么你是什么样的人?

36. 你所谓的合适是什么?

37. 你具有营销自己的意识吗?

38. 为什么总会火冒三丈?

39. 情绪失控之后的你后悔了多少次?

40. 为何做不到替别人着想?

41. 为什么做不到真正理解他人?

42. 明明去沟通，为何还是惹了祸?

43. 为何“解决问题”却将矛盾激化?

44. 你是一个有意思的人吗?

45. 你究竟是正能量还是负能量的人?

46. 你是否超越了爱情的“度”让自己迷失了?

47. 你有被认可的能力吗?

48. 什么是真正的情商? 说“好听的话”就是情商高吗? 赞美别人就是情商高吗?

49. 你的能力是生存能力还是成功能力?

50. 为何无法控制自己的情绪?

51. 情绪是能控制的吗?

52. 情绪的来源是什么?

53. 你为何不幽默? 是词儿不够，还是你内心不够快乐?

54. 你是有意思的人吗?

55. 你身上有真正意义上的正能量吗?

56. 你有被认可的能力吗?

57. 你拿什么被认可?

58. 你凭什么不可替代?

59. 在你们的情感关系里，你创造了哪些感觉?

60.在你们的角色中，因为你的存在，你让对方承担了什么？你是在指责对方还是表扬对方？

61.你是如何激励对方的？

62.你们的家庭文化是什么？能迅速总结出来吗？

63.你的情感死穴是什么？

64.你的缺点都有什么？

65.是什么导致今天你们感情淡漠了？

66.你怀疑对方时，会怎样做？

67.你们经常询问对方的满意度吗？

68.你爱的方式是什么？是爱还是占有？

69.你爱的方式对方能接受吗？

70.在情感这条路上，为什么我们爱得这么辛苦？

71.婚姻家庭里，为什么你的情感经历如此坎坷，不是吵架，就是价值观不同，要么性格不合？

72.结婚证究竟意味着什么？

73.如何让婚姻保鲜？

74.怎样延长爱情的保鲜期？

75.老公还像以前那样心甘情愿地为你付出吗？

76.你们为什么经常吵架？

77.情感危机时，你的处理方式是在拯救婚姻还是在破坏？

78.你的情商真的高吗？是否曾经影响了你的同事关系、家庭关系、朋友关系？

79.你为什么对自己的生活不满意？

80.为什么你总是被抛弃？

81.为什么你总担心和怀疑？

82.原本心中是喜欢的，你却说我讨厌你？

83. 原本心中是心疼的，你却说活该？

84. 原本心中是爱的，为何结果却成了伤害？

85. 原本初心是好的，为何令人讨厌？

86. 你是哪里出现了问题？语言？态度？方式？

87. 出现问题，你首先是什么表现？先发泄情绪还是先解决问题？

88. 你说过狠话吗？

89. 你威胁过对方吗？

90. 你经常小题大做吗？

91. 你能理解对方吗？

92. 你对自由的理解是什么？你自由吗？

93. 你能深度理解家庭文化的内涵吗？

94. 你擅长创建家庭文化吗？

95. 你的价值观对事业的阻碍是什么？对你的家庭情感关系的阻碍是什么？

96. 你善于沟通还是喜欢较真儿？

97. 你能给予对方什么？

98. 你在持续成长、成熟吗？

99. 你了解对方想要的是什么？真正的需要是什么吗？你能用对你爱的方式吗？

附录三

企业家陪伴《用对你的爱》

董军

北京顺恒达汽车电子股份有限公司董事长
北京戈友公益援助基金会联合发起人、理事
脚里学院发起理事
光华之心公益基金会发起理事

王树良

人生智慧大师
奉行“践行第一、觉而不迷、正而不邪、净而不染”，以实际行动帮助别人。

任雅婕

朋和汇餐饮管理公司董事长
服务礼仪专家

王海荣

沐迪（北京）珠宝有限公司董事长
美学专家
公益天使
喜欢生活精致、做事精致、情感细腻的人生

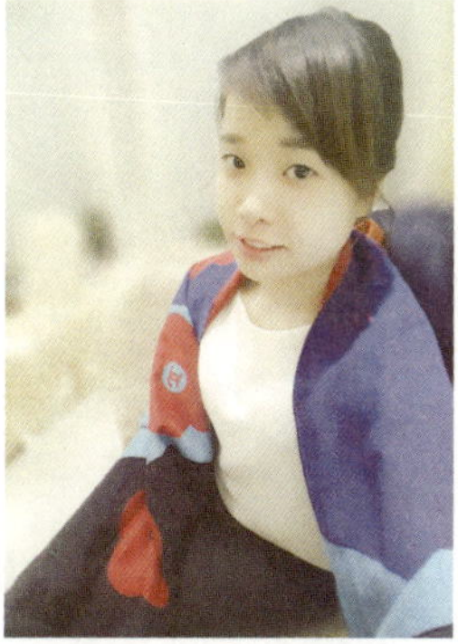

王昕

微糖时代文化传媒有限公司CEO

李颜颉

永杰汽车集团董事长
责任重于泰山

梁贺

北京华特邦建筑工程有限公司 CEO

刘柯

北京艺柯文化传媒有限公司董事长
艺科树教育（北京）科技发展有限公司董事长

傅瑜

保和堂（中国）有限公司股东
北京国康兄弟医药有限公司股东
神农说（健康生活服务平台）CEO

李好

东方教育董事长
家庭教育、亲子关系教育专家

王圆圆

鸿鹄猎头创始人

郭文

博奥特家具玻璃创始人兼总经理
上海亨亚进出口有限公司创始人兼总经理

刘金瑞

易经国学文化
独与天地精神往来而不傲倪于万物，
不谴是非，以与世俗处。

赵飞

北京禹浩天成技能公司董事长
餐饮连锁管理专家
厚道做人，付出为人

李洋

中信信诚资产管理有限公司总监

穴治兴

北京博兴康盛机电工程有限公司董事长

沈仕洪

索居（海外）地产创始人
中国企业管理网创始人

戴小华

荆楚胜华装饰工程有限公司总经理

姜虹朱

营销专家

梁双

凤凰绘董事长特助
90 后总裁俱乐部执行总裁

附录四

10位专家老师分享《用对你的爱》

书如其人，情感关系经营急需要能力，更需要一个人内在的感召力，骨子里散发出来的真善美的感召力。

——中央电视台主持人　潘琦

最美的时节与你相见，是因为我们相信，人生有太多让自己变得更好的可能。在书香中细细体味，在生活里慢慢成长。合上此书，静心思考，看玉兰竞放，春色满园。

——北京电视台主持人　龚宁

《用对你的爱》是一本思想有深度、逻辑超前的好书。

——著名相声演员　李金斗

艳桦是用心、用情写的这本书。读这本书的时候，您会有画面感，感受到书中的逻辑、规律。

——中国曲艺家协会理事、

中国铁路文工团说唱团团长、国家一级演员　刘际管理学是一门综合性学科，艳桦从管理学角度诠释情感经营，具有高度、宽度、深度。这是一本好书。

——著名表演艺术家　舒耀瑄

艳桦是非常务实、落地的人，这本书就像她做人的风格一样，书中内容丰富，用心十足。

——中国文化管理协会培训委员会副会长兼秘书长、
中华儿童文化艺术促进会常务副秘书长　崔云争

情感关系中对我们最大的挑战就是包容和接受：包容不同，接受不完美。学会了欣赏和包容，你的人生就会豁然开朗。

——品牌联盟董事长、顺风车公益活动发起人　王永

书很多，用这样的逻辑、这样的方式，这么用心来写的书并不多。

——嘉禾一品董事长　刘京京

情感经营的能力、共赢思维、内在的感召力，这本书实现了“道”和“术”的完美结合。

——作家、资深媒体人、
《三月风》杂志社社长兼总编辑　倪林

艳桦是一个健康的人，这本书也是非常健康的，体现了人性的完整，由内而外有力量感。有一种情感需要用心去体会。

——作家、诗人、资深媒体人、
原《环球企业家》杂志总编辑　李林栋